D1875740

© 2013 by :TRANSIT Buchverlag
Berlin | Schwarzenbach/Saale
www.transit-verlag.de

Umschlaggestaltung und Layout:
Gudrun Fröba
Umschlagabbildungen:
Hartmann, Robert: Der Gorilla;
Landungsbrücke im Hafen von Liverpool,
Die Gartenlaube 1858;
Aquarell Eduard Pechuël-Loesche,
Geographisches Institut der Universität Hamburg
Druck und Bindung: Pustet, Regensburg
ISBN 978 3 88747 285 6

Mustafa Haikal

MASTER PONGO
EIN GORILLA EROBERT EUROPA

: TRANSIT

INHALT

»Master Pongo is the most wonderful monkey I have ever seen, and I am a fellow of the Zoological Society and have visited all the living collections of natural history specimens in Europe and America.«

Londoner Korrespondent der
»New York Times«, 12. August 1877

»GORILLAFIEBER«

Im Sommer 1876 befindet sich Berlin im »Gorillafieber«. Schon Mitte Juni, als die Ereignisse näher rücken, als erst aus Liverpool und dann aus Hamburg berichtet wird, ist die Neugier geweckt. Der »gewaltigste Affe, den die Zoologie kenne«, so die Presse, sei auf dem Weg in die Reichshauptstadt und erfreue sich »bester Gesundheit«. Und mit jedem Tag, der vergeht, scheint das Interesse zu wachsen. »Noch nie und nirgends ist ein Mitglied des Thierreiches mit größerer Sehnsucht erwartet worden als dieser Gorilla, und noch nie ist das endgültige Schicksal eines Thieres Gegenstand so erregter Kontroversen und so unglaublicher Debatten gewesen«, meldet die »Vossische Zeitung«. Das klingt in der Tat außergewöhnlich. Zugleich ruft es einen falschen Eindruck hervor. Denn bei dem angekündigten Menschenaffen, der am 30. Juni mit einer Gruppe deutscher Afrikaforscher Berlin erreicht, handelt es sich um ein knapp achtzig Zentimeter großes Jungtier. Sein Name: M'Pungu oder Master Pongo oder einfach nur Pongo.

»Der Gorilla in Berlin« – »der Gorilla im Aquarium«, kaum ein gebildeter Bürger der Stadt lässt sich dieses Ereignis in den folgenden Wochen entgehen. Ungeachtet seiner Jugend und der verschorften Arme und Beine ist der Affe eine Sensation. Mit zwanzigtausend Mark hat er fast ebenso viel wie eine kleine Villa gekostet, eine Tatsache, die Erstaunen auslöst.

Dass der Neuankömmling nicht im Zoologischen Garten, sondern im Aquarium »Unter den Linden« zur Schau gestellt wird, passt da ins Bild. Nicht am Rande der Stadt, sondern in ihrem Zentrum, in der prachtvollsten und berühmtesten Straße Berlins, ist M'Pungu zu sehen. Hier, kurz vor dem Brandenburger Tor, befindet sich fortan sein Hauptquartier, der Platz, an dem der Gorilla Hof hält und die herbeiströmenden Besucher im Nu für sich einnimmt.

Gorillaabbildung, 1873

Eben das haben wohl die wenigsten der Gäste erwartet. Zu furchteinflößend, zu beängstigend ist der Ruf, der diesen Affen vorauseilt. In Büchern und Zeitungen wird den Lesern seit Jahren ein Monster präsentiert, das noch dazu menschenähnliche Züge trägt. Selbst wenn es auch realistischere Einschätzungen gibt, die Verunsicherung über den »unheimlichen Verwandten« sitzt tief. Nach wie vor zeigen die Zeichnungen der Illustrierten ein bärenartiges Fabeltier mit wuchtigen Eckzähnen, und noch immer charakterisiert der »Brockhaus« den Gorilla als eines »der scheußlichsten Geschöpfe«, das man sich vorstellen könne.

Die neue Attraktion des Aquariums, der »weit gereiste Anthropomorphe«, erweckt einen anderen Eindruck. Bereits in den Artikeln der Tageszeitungen erfährt man Verblüffendes. Der Gorilla scheint nicht nur lernfähig und neugierig, sondern auch heiter und liebenswürdig zu sein. Wie ein kleines Kind muss er rund um die Uhr umsorgt werden und kann es nicht ertragen, auch nur eine Minute allein zu verbringen. Was macht es da, dass der Name M'Pungu mit »Der Teufel« übersetzt wird und die Wissenschaftler annehmen, dass sich das »bösartige Wesen« des Tieres erst im Erwachsenenalter offenbaren werde. Vorerst zumindest ist von einem knochenbrechenden Ungeheuer keine Spur zu erkennen, und bald gilt der Gorilla als »einer der liebenswertesten und populärsten Bewohner der Reichshauptstadt«.

Nie zuvor hat das Aquarium, in dem neben Fischen und Reptilien auch Vögel und Säugetiere zur Schau gestellt werden, einen solchen Ansturm erlebt. In kurzer Zeit verdoppelt sich die Zahl der Abonnenten, kommen die Berliner in Scharen. Der Käfig, den M'Pungu in der Nähe der Vogelvoliere bezieht, ist so dicht umlagert, dass sich die Menschen in mehreren Reihen aneinanderdrängen. Und wenn der Direktor des Instituts, der Chemiker Otto Hermes, das Tier am Abend in seine Dienstwohnung bringt und noch einmal mit dem Gorilla ans Fenster tritt, verursacht das auf der Straße einen Verkehrsstau. Am Ende schreitet die Polizei ein, um die Schaulustigen zur Disziplin zu rufen und die Ordnung vor dem Aquarium wiederherzustellen.

Affenporträts, 1863

Zu denen, die sich für M'Pungu interessieren und Otto Hermes ihren Besuch ankündigen, zählen zahlreiche Wissenschaftler. »Der Gorilla übt eine ganz enorme Anziehungskraft aus und ist von den Koryphäen unserer hiesigen Fachgelehrten so eingehender Besichtigung unterworfen wie kein Mitglied des Thierreiches in so kurzer Zeit nach seinem Eintreffen«, heißt es in der »Vossischen Zeitung«. Die in diesem Zusammenhang erwähnten Namen sind eindrucksvoll. Allein der für die Gesundheit des Menschenaffen zuständige Beirat umfasst drei Professoren. Der weltberühmte Mediziner Rudolf Virchow gehört der Gruppe ebenso an wie der Direktor der Tierarzneischule Christian Gerlach und der Völkerkundler und Anatom Robert Hartmann. Gemeinsam mit einer ganzen Reihe von Ärzten sind sie für das Wohlergehen M'Pungus verantwortlich und betrachten ihn zugleich als Studienobjekt. Für die Experten bietet sich hier eine einzigartige Chance. Das umstrittenste Wesen, das Forschungsreisende und Abenteurer je in den afrikanischen Urwäldern entdeckt haben, lässt sich nun »Unter den Linden« genau beobachten.

Erste Nachrichten

Die Aufregung um M'Pungu, die sich überschlagenden Reportagen und Pressemitteilungen haben vor allem damit zu tun, dass man ihn für den ersten lebenden Gorilla hält, dessen Überführung nach Europa geglückt sei. Dies entspricht nicht der Wahrheit, wird allerdings von fast allen Seiten behauptet. Die wissenschaftliche Beschreibung des Gorillas reicht 1876 nur drei Jahrzehnte zurück. Viele Merkmale der Gattung bleiben bis zur Ankunft M'Pungus unklar, und selbst die ausgestopften Präparate in den Museen erzeugen eher Ratlosigkeit. Häufig mit schwarzer Ölfarbe und Firnis behandelt, erschrecken sie die Besucher mit aufgerissenen Mäulern und drohenden Gebärden. Nicht eines der Exemplare gleicht dem anderen, so dass sich verschiedene Bilder ergeben. Auch die Frage, wann Seefahrer und europäische Händler auf die Spur des Menschenaffen gestoßen sind, kann niemand beantworten. Hatte der Karthager Hanno auf seiner Fahrt entlang der afrikanischen Westküste um 470 vor Christus wirklich als erster Gorillas beobachtet oder waren es die Portugiesen, die seit dem 15. Jahrhundert den Handel mit der Region kontrollierten? – Berichte von Riesen und affenartigen Monstern, von Kannibalen und geschwänzten Menschen gibt es viele, und dass sich in den Erzählungen über Afrika Erlebtes und Gehörtes, Tatsachen und Gerüchte miteinander mischen, gilt lange als selbstverständlich.

Der englische Pirat Andrew Battel, der mit seinem »Bericht über Angola und die angrenzenden Regionen« Aufsehen erregt, macht da keine Ausnahme. In seiner Erzählung, die bereits 1625 erscheint, ist von zwei Ungeheuern die Rede, welche »äußerst gefährlich« seien. »Das größere dieser Scheusale«, so Battel, werde von den Eingeborenen »Pongo« genannt und besitze den Gliederbau eines Menschen. Ansonsten ähnele es stärker einem Riesen als einem Mann. Das in den Wäldern hausende Ungetüm habe tiefliegende Augen und eine düstere Haarfarbe, wobei Gesicht und Hände haarlos wären. Und dann berichtet der Autor noch folgendes: »Oft vereinigen sich die Pongos zu Gesellschaften und töten manchen Neger im Walde, oft auch überfallen sie Elefanten, welche weidend in ihre Nähe kommen, und schlagen dieselben so mit ihren mächtigen Fäusten, dass sie brüllend davonlaufen. Niemals kann man die Pongos lebend fangen, weil zehn Männer nicht im Stande sind, sie zu bändigen…«[1]

Soweit Andrew Battel, der vielfach nachgedruckt und häufig zitiert wird. Andere Reisebeschreibungen mit ähnlichen Angaben kommen später hinzu. Mehr Klarheit ergibt sich dadurch nicht, so dass es bis 1847 dauert, ehe der Geistliche Thomas S. Savage mit neuen Nachrichten aufhorchen lässt. Der Amerikaner, ein erfahrener Missionar, hat über zehn Jahre an der afrikanischen Westküste verbracht. Seine ersten beiden Ehefrauen sind hier an Tropenkrankheiten gestorben, und auch er muss dem mörderischen Klima Tribut zollen. Ausgezehrt und gesundheitlich angeschlagen, begibt er sich auf die Rückfahrt und macht im April 1847 bei seinem Kollegen John Leighton Wilson in der Nähe der Gabunmündung Station. Savage ist nicht nur Missionar, sondern auch Arzt und Naturforscher. Wann immer es geht, untersucht er Insekten und hat sogar einen Artikel über Schimpansen verfasst. Das soll sich jetzt als Vorteil erweisen. Denn im Haus seines Gastgebers,

Thomas S. Savage

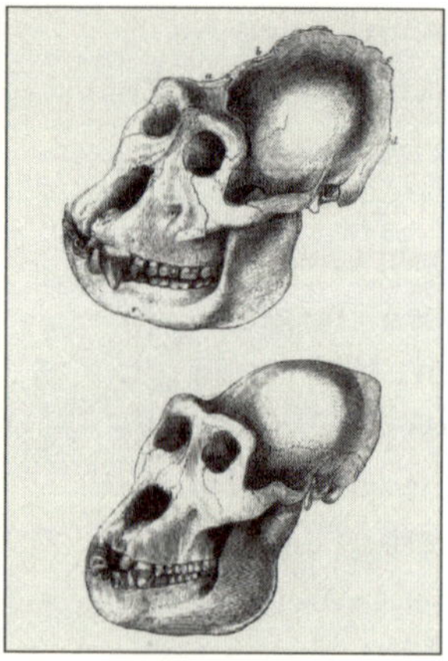

Die Zeichnungen, die Savage 1847 nach Europa und Amerika schickte.

eines Liebhabers afrikanischer Kuriositäten, wird ihm bald nach der Ankunft ein Schädel gezeigt. Ungewöhnlich groß und mit starkem Scheitelkamm lässt er sich keiner bekannten Art zuordnen. Dem Amerikaner ist schnell klar, was das bedeutet, und so unternimmt er in den folgenden Wochen alles, um genauere Informationen zu erlangen. Als er Anfang Mai abreist, hat er weitere Schädel und Knochen erstanden und die Erzählungen der einheimischen Jäger sorgfältig notiert.

Auch zwei englische Kapitäne sind hellhörig geworden. Noch während Savage über den Ozean segelt, stellen sie weitere Nachforschungen an. Mit den Präparaten afrikanischer Tiere lassen sich in der Heimat gute Geschäfte machen, vor allem, wenn die Arten noch unbekannt sind. So beginnt – ohne dass es der Amerikaner ahnt – ein Wettlauf, werden Gorillaschädel auch nach Europa gebracht. Savage selbst, der in dieser Frage ein wenig blauäugig ist, schreibt an zwei englische Spezialisten und berichtet anhand von Zeichnungen über den Fund. Zum Glück für den Missionar kann er am Ende allen Konkurrenten zuvorkommen und die Entdeckung als Erster veröffentlichen. Sein Artikel, der 1847 in Boston erscheint, enthält zweierlei: eine kurze Beschreibung des Gorillas sowie der bisherigen Kenntnisse über ihn und eine fast doppelt so umfangreiche Untersuchung der gefundenen Knochen.[2] Für diesen Teil der Arbeit hat Savage mit Jeffries Wymann einen Experten herangezogen, der am Harvard College Anatomie lehrt. Gemeinsam fassen die beiden alles zusammen, was ihnen bekannt ist und was sich aus dem Studium der Schädel und Skeletteile ergibt. Obwohl der Missionar nie einen lebenden Gorilla gesehen hat, entwirft er ein sehr plastisches Bild. Die alten und wie er angibt »törichten Berichte« von einem Monster, das es auf die Frauen der Eingeborenen abgesehen habe, werden ebenso kritisiert wie die Erzählungen, nach denen Gorillas selbst Elefanten bezwingen würden. Statt einer Gruselgeschichte wird eine Art Steckbrief notiert, der Angaben zur Haarfarbe und Körpergröße, zur Ernährung und zum Zusammenleben der Tiere umfasst.

Allerdings äußert auch Savage keinen Zweifel an der »außergewöhnlichen Aggressivität« der neu beschriebenen Menschenaffen. »Sie sind«, so der Autor, »überaus wild und von ihrem Verhalten her immer offensiv. Niemals rennen sie vor dem Menschen davon, wie es die Schimpansen tun. Für die Eingeborenen sind sie Schreckensgestalten, denen sie nie anders als in der Verteidigung begegnen. Die wenigen, die man je erbeutet hat, wurden von Elefantenjägern und einheimischen Händlern nur deshalb getötet, weil sie im Wald plötzlich ihren Weg kreuzten. Man erzählt, dass das Männchen, wenn es entdeckt wird, einen fürchterlichen Schrei ausstößt, der weit und breit im Wald zu hören ist und langgezogen und schrill etwa wie kh–ah! kh–ah! klingt.« Nicht Savage, sondern Wymann schlägt schließlich den Namen vor, der bald in aller Munde ist. Nach einer griechischen Überlieferung nennt er die Menschenaffen Gorillas.[3] Der Begriff stammt aus dem Bericht des bereits erwähnten Seefahrers Hanno und löst unter den Fachleuten Diskussionen aus. Denn ob Hanno auf seiner Reise entlang der afrikanischen Westküste wirklich Gorillas beobachtet hat, ist bis heute ungewiss. Genauso gut kann es sich bei seiner Schilderung um Schimpansen oder um kleinwüchsige Menschen, um Pygmäen gehandelt haben.

Knochen und Kadaver

Der Name Gorilla verbreitet sich ebenso schnell wie der Artikel der beiden Amerikaner. Am Anfang des 19. Jahrhunderts hatten einige Naturforscher verkündet, dass mit der Entdeckung weiterer Großtierarten nicht zu rechnen sei. Die Arbeit aus Übersee beweist das Gegenteil. Jetzt gilt es, neue Fragen zu stellen und zu beantworten. Seit dem Beginn der modernen Naturwissenschaften und dem Zeitalter der Aufklärung will man es in den europäischen Metropolen genau wissen. Mehr denn je haben es sich die Experten zur Aufgabe gemacht, die Erscheinungen der Natur in wissenschaftlichen Systemen zu ordnen, werden Tiere und Pflanzen, Knochen und Versteinerungen mit Neugier und Akribie untersucht. Aus den Naturaliensammlungen entstehen öffentliche Naturkundemuseen und an den Universitäten entwickeln sich aus der alten Naturgeschichte Disziplinen wie die Biologie und die Zoologie.

Richard Owen

Zu jenen, denen Savage noch aus Afrika zwei Zeichnungen der Gorillaschädel schickt, gehört der Engländer Richard Owen. Der Zoologe und Paläontologe, den wir heute vor allem deshalb kennen, weil er den Begriff des Dinosauriers prägte, forscht auch über Menschenaffen. Owen, der zu den einflussreichsten Männern im viktorianischen Wissenschaftsbetrieb zählt, muss anerkennen, dass die Ehre der Erstbeschreibung des Gorillas zwei Außenseitern gebührt. Die Untersuchung der »neuen« Schädel, die im Dezember 1847 aus Afrika eintreffen, lässt er sich dennoch nicht nehmen. Schon zwei Monate später stellt er in der Zoologischen Gesellschaft von London die Resultate vor. Es ist nicht der letzte Beitrag, den der Gelehrte zur Gorillafrage verfasst. Als Anatom vergleicht er die verschiedensten Tierarten und kommt in vielbeachteten Studien immer wieder auf Menschenaffen zurück.

Vorerst jedoch hängt alles davon ab, wann die nächsten Schiffe mit neuen Trophäen Europa erreichen werden. Um bei der Bestimmung des Gorillas Fortschritte zu machen, benötigen die Fachleute weiteres »Material«, nach Möglichkeit nicht nur Schädel und Skelette, sondern lebende Exemplare. Da das illusorisch scheint, behilft man sich mit Alkoholpräparaten. So stehen die folgenden Jahre im Zeichen einer Reihe von ungewöhnlichen Transporten.

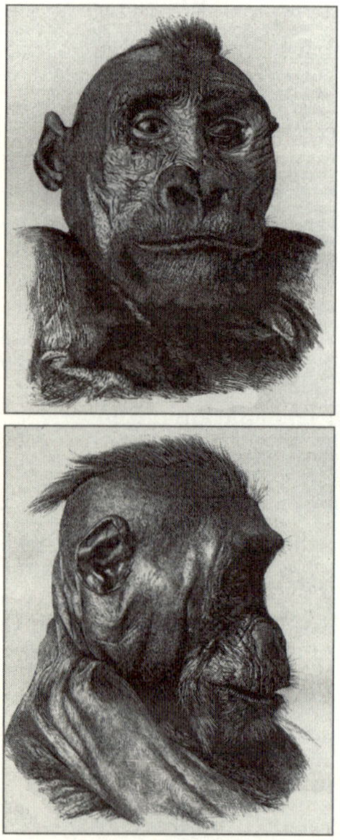

Kopf eines in Weingeist präparierten Gorillas

Es ist eine gespenstische Szene, wenn die Fässer mit toten Menschenaffen nach wochenlanger Fahrt über den Ozean geöffnet werden. Zum ersten Mal geschieht dies um 1852 in Paris. Die Experten am renommierten Muséum national d'Histoire naturelle haben im Wettstreit zwischen den Wissenschaftlern

Illustrationen aus »Archives du Muséum d'Histoire Naturelle«, Paris 1858

das Glück auf ihrer Seite. An der Seine und nicht an der Themse werden die nächsten Entdeckungen gemacht.

Als im Januar 1852 die kostbare »Gorilla-Fracht« eines Kriegsschiffes an die französischen Gelehrten übergeben wird, herrscht gespannte Aufmerksamkeit. Rasch zeigt sich, dass zumindest das größere der beiden Exemplare starke Spuren von Fäulnis aufweist. Wie bei vielen Transporten dieser Art hat der Weingeist die Körper nur ungenügend konserviert. Schon beim Öffnen der Fässer kommen den Wissenschaftlern ganze Büschel mit Haaren entgegen, die sich von der Haut abgelöst haben. Der Gestank verschlägt selbst hartgesottenen Fachleuten den Atem und hätte – wie es in einem Bericht über ein ähnliches Ereignis in London heißt – ausgereicht, um ein »Regiment von Soldaten zu vergiften«. Schwerwiegender noch ist etwas anderes: Die durch den Fäulnisprozess hervorgerufenen Deformierungen vermitteln ein verzerrtes Bild. So führt das gummiartige Ausleiern der Lippen dazu, dass die Zähne der Gorillas in erschreckender Weise freigelegt werden. Auch der unnatürlich aufgeblähte Bauch und die meist bräunliche Fellfarbe sind Folgen der Zersetzung. Die Wissenschaftler um den Zoologen Isidore Geoffroy Saint-Hilaire lassen sich davon nicht abhalten. Der Franzose, der als Erster erkennt, dass es sich bei den Gorillas um eine eigene Gattung handelt, veranlasst die sorgfältige Bearbeitung der Kadaver. Die toten Körper werden nach ihrer Ankunft

Abbildung aus »Archives du Muséum d'Histoire Naturelle«, Paris 1858

fotografiert und gezeichnet, gehäutet und seziert. Zwei Moulagen, in Wachs modellierte Masken, sollen ihre Gesichtszüge möglichst naturgetreu wiedergeben und der Nachwelt bewahren. Allerdings dauert es Jahre, bis alle Ergebnisse der Untersuchungen vorliegen, und erst 1858 beendete Geoffroy Saint-Hilaire sämtliche Arbeiten.

Es sind vor allem die Abbildungen, die weit über Paris hinaus Aufsehen erregen. So veröffentlicht die »Illustrirte Zeitung«, eine der großen deutschen Familienzeitschriften, im Mai 1855 drei Lithographien, auf denen die Leser die deformierten Gorillas betrachten können. Noch dramatischer wird der Eindruck, als der Zeichner des Museums, der Künstler und Zoologe Marie-Firmin Boucourt, ein farbiges Porträt anfertigt. Es zeigt den Gorilla mit geöffnetem Maul aufrecht an einem Baum stehend. Auf diese Weise erinnert er an den Wilden Mann, eine unheimliche und sagenhafte Figur. Auch die Präparate und Moulagen der Menschenaffen bleiben nicht unbeachtet. Sie werden auf der Pariser Weltausstellung von 1855 zur Schau gestellt und dann ins Naturhistorische Museum des Jardin des Plantes gebracht. Hier ist es der Bildhauer Emmanuel Frémiet, der sie wieder und wieder studiert. Die Ergebnisse seiner Arbeit werden 1859 in der französischen Hauptstadt gezeigt und lösen einen Skandal aus. Die Plastik unter dem Titel »Gorilla, eine Frau entführend« – eine brutale und wilde Szene voller Dramatik – rührt an sexuelle Tabus und verstärkt die bestehenden Ängste.[4] Der »unheimliche Affe aus Afrikas Wäldern« sorgt nun im Herzen Europas für Aufregung – das »Monster« hat ein Gesicht bekommen.

Gorillaskulptur, E. Frémiet, 1887

In dem Jahr, in dem Frémiet in Paris seine Gorillaskulptur ausstellt, erscheint in London ein epochemachendes Buch. Es stammt von dem Naturforscher und Weltreisenden Charles Darwin und ist das Ergebnis jahrelanger Studien. Seine deutsche Übersetzung liegt nur Monate später vor und heißt: »Über die Entstehung der Arten im Thier- und Pflanzenreich durch natürliche Züchtung, oder Erhaltung der vollkommneten Rassen im Kampfe um's Dasein«. Mit dem Gorilla hat das umfangreiche Werk anscheinend wenig zu tun. Kein einziges Mal wird der Name des Menschenaffen erwähnt, und nur beiläufig ist von anderen Affen die Rede. Doch der erste Eindruck trügt. Auch wenn der Engländer lieber über Tauben und Hunde schreibt, seine Theorien werfen Fragen auf – Fragen, die schon länger debattiert werden und nun das überkommene Weltbild erschüttern. Denn Darwin liefert nicht weniger als einen Schlüssel zur Geschichte des Lebens, zu den Prozessen der Evolution. Alles Lebendige, so die These, habe sich aus gemeinsamen Vorformen entwickelt. Nicht göttlicher Wille, sondern Zufall und natürliche Selektion hätten zu seiner Entstehung geführt. Warum aber – und diese Schlussfolgerung ergibt sich fast von allein – soll das, was für Wild- und Haustiere gilt, nicht auch auf den Menschen zutreffen? Und wenn der Mensch mit all der ihm eigenen Intelligenz aus dem Tierreich entstammt, wer sind dann seine Vorfahren und seine tierischen Verwandten?

Charles Darwin

Obwohl Darwin die Auseinandersetzung scheut und jede öffentliche Spekulation vermeidet, kann er die Kontroverse nicht abwenden. Schnell formieren sich Gegner und Anhänger seiner Theorie, nimmt der Konflikt an Schärfe zu. Auch Richard Owen bezieht im Sommer 1860 ausführlich Stellung. Sein Versuch, die Einzigartigkeit des Menschen zu beweisen, indem er bei ihm – im Gegensatz zu den höheren Säugetieren – eine spezielle Gehirnwölbung, den Hippocampus minor, lokalisiert, endet mit einer Niederlage. Die Kritik an Owen ist vernichtend. Eine neue Generation von Wissenschaftlern, allen voran der Biologe Thomas Henry Huxley, widerlegt die Behauptungen und versucht, die Reputation des Gelehrten zu zerstören. Darwin selbst nimmt an den Kämpfen nur im Hintergrund teil. Seine Meinung aber hält er insgeheim mit brauner Tusche in einem Notizblock fest. In einem Evolutionsdiagramm, das er zum eigenen Selbstverständnis skizziert, benennt er den Gorilla und den Schimpansen im April 1868 als nächste Verwandte des Menschen.[5]

Paul Du Chaillu

Am Ende ist es der Gorilla, der die Öffentlichkeit vor allem interessiert. Wie kein anderes Tier wird er mit Darwins Theorie in Verbindung gebracht. Das liegt nicht nur an dem düsteren und unklaren Bild, das sich mit ihm verbindet. Auch der Zufall spielt eine Rolle. Denn im gleichen Verlag, in dem 1859 das Buch über die »Entstehung der Arten« erschienen ist, wird zwei Jahre später eine aufsehenerregende Publikation herausgegeben. Es handelt sich um den Reisebericht des Abenteurers und Forschers Paul Belloni Du Chaillu. Der Franko-Amerikaner, dessen genaues Geburtsdatum bis heute umstritten ist, hat schon als Kind und junger Mann auf mehreren Kontinenten, darunter in Afrika, gelebt. Als amerikanischer Staatsbürger reist er 1856 mit Unterstützung der Philadelphia Academy of Natural Science von New York nach Gabun. Dreieinhalb Jahre lang durchstreift er als erster Entdecker das Land, wobei er bis zu fünfhundert Kilometer ins Innere vorstößt. Sein Reisebericht »Explorations and Adventures in Equatorial Africa« wird ein großer Erfolg und in verschiedene Sprachen übersetzt. Es ist eine tollkühne Geschichte und in ihrem Zentrum stehen die Jagdabenteuer auf Gorillas: »Auf einmal«, so Du Chaillu, »füllte sich das Gehölz mit dem furchtbaren Gebrüll des Affen. Dieser war auf allen Vieren heran gekrochen, allein, sobald er uns aber erblickte, richtete er sich auf und schaute uns kühn in's Gesicht. Er stand

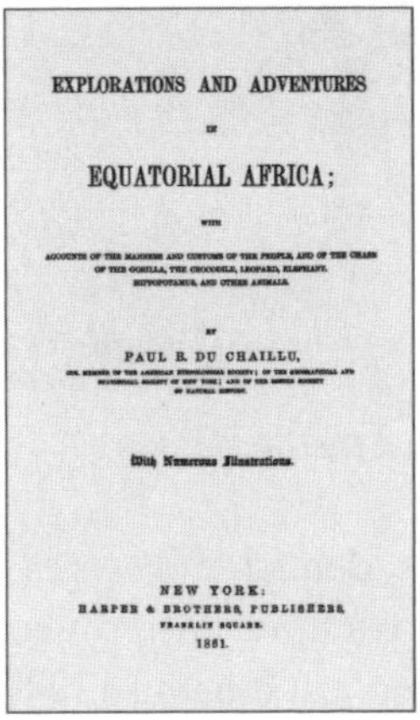

EXPLORATIONS AND ADVENTURES

IN

EQUATORIAL AFRICA;

WITH

ACCOUNTS OF THE MANNERS AND CUSTOMS OF THE PEOPLE, AND OF THE CHASE OF THE GORILLA, THE CROCODILE, LEOPARD, ELEPHANT, HIPPOPOTAMUS, AND OTHER ANIMALS.

BY

PAUL B. DU CHAILLU,

With Numerous Illustrations.

NEW YORK:
HARPER & BROTHERS, PUBLISHERS,
FRANKLIN SQUARE.
1861.

Gorillas, unten: Motiv nach der Schilderung von Paul Du Chaillu, 1863

ungefähr zwanzig Schritt von uns, ein Anblick, den ich nie vergesse, fast sechs Fuß hoch, von ungeheurem Körper und mit großen musculösen Armen; graue, wildblitzende Augen mit einem so höllischen Ausdruck, wie man sich den Alp vorstellt, verriehten seine Bosheit. So stand er vor uns, dieser König des Afrikanischen Waldes ohne Furcht zu zeigen und schlug mit seinen Fäusten auf die Brust, daß es wie eine große Baßtrommel schallte, was seine Art der Herausforderung zu sein scheint. Hierbei stieß er dieses so eigenthümliche Gebrüll aus, welches mit einem scharfen Gebell, wie eines bösen Hundes beginnt und dann in ein tiefes Grollen übergeht, gleich einem Donner... Noch nie konnte ich mich erinnern, ein so höllisches Wesen so gräßlicher Art, halb Mensch, halb Bestie gesehen zu haben...«[6]

Du Chaillu, Boston, um 1869

In geschickter Verwertung seiner Abenteuer hält Du Chaillu in England und den USA zahlreiche Vorträge. Weitere Reisen folgen, neue Bücher erscheinen. Auf diese Weise prägt der Afrikareisende das Bild des Gorillas in weiten Teilen der Öffentlichkeit. Es gibt allerdings auch Experten, die den Schilderungen misstrauen und sie im schlimmsten Fall für Erfindungen halten. Zu schwülstig, zu gewagt liest sich manches, was der Gorillajäger formuliert. Zwar kann er Felle und Skelette des Menschenaffen vorweisen, doch das allein reicht den Kritikern nicht. So bezeichnet der deutsche Zoologe Alfred Brehm die Erzählungen Du Chaillus noch Jahre später als »ein wundersames Gemisch von Wahrheit und Dichtung«, was ihn keineswegs daran hindert, sie immer wieder zu zitieren.

Als 1864 der erste Band von »Brehms Thierleben« mit Du Chaillus Schilderungen veröffentlicht wird, sind Darwins Name und die sogenannte Affentheorie längst in aller Munde. »Affe oder nicht! – Vater? Onkel? Vetter? heraus mit der Sprache!«, titelt der »Kladderadatsch«, eine deutsche Satirezeitschrift. Hinter der schwungvollen Aufforderung verbirgt sich eine einfache These: Für viele Zeitgenossen bleibt Darwins Theorie ein Buch mit sieben Siegeln. Sie reduzieren seine umfangreiche Arbeit auf die Vorstellung, dass der Mensch vom Affen abstamme. Auch wenn weder der Gelehr-

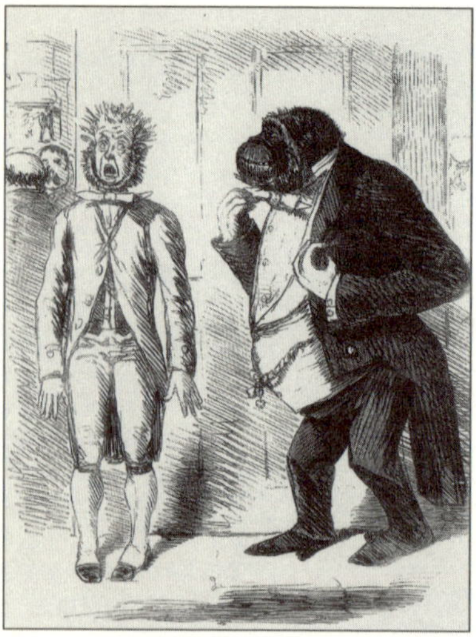

Karikatur, »Punch«, 1861

te noch seine Anhänger das je behauptet und lediglich einen gemeinsamen Vorfahren ins Spiel gebracht haben, die Idee erweist sich als hartnäckig. Mit ganz anderen Augen liest man nun die Geschichten über den Gorilla, lauscht man den Erzählungen der Afrikareisenden. Dass ausgerechnet dieser riesige Affe, dieses »schwarze Monster« aus den afrikanischen Urwäldern, ein – wenn auch ferner – Verwandter des Menschen sein soll, bereitet Unbehagen. Scheint der Gorilla doch von allen Lebewesen am wenigsten für eine solche Rolle geeignet zu sein. Und wie um allzu verstörende Gedanken abzuschütteln, wendet man das Thema ins Humoristische. In Satirezeitschriften und bunten Journalen, in Tageszeitungen und Jahreskalendern feiert der Gorilla als tragisch-komisches Ungeheuer eine Karriere ganz anderer Art, wird er der am häufigsten gezeichnete Menschenaffe nach der Jahrhundertmitte. Darwin selbst, der sich 1871 in seinem Buch »Über die Abstammung des Menschen und die geschlechtliche Zuchtwahl« erstmals genauer zu dem Thema erklärt, erlebt eine ähnliche »Ehre«. Halb Affe, halb Mensch muss er als Vorbild für die Suche nach dem Bindeglied zu den menschlichen Ahnen herhalten. Alles andere als verärgert, sammelt der Gelehrte die zahlreichen Karikaturen und steckt sie zur Aufbewahrung in einen Pappkarton.

Charles Darwin, Karikatur, 1871

Trotz der Karriere als Kunstfigur bleibt der Gorilla eine Herausforderung. In zahllosen Arbeiten spekulieren Wissenschaftler und Laien über eine Fülle von Fragen. Was nützen neue Augenzeugenberichte, wenn sie das Durcheinander der Meinungen eher verstärken. Doch ein lebendes Exemplar, ein leibhaftiger Gorilla, ist weit und breit nicht in Sicht. Dabei gibt es Versuche genug, die von den Einheimischen gefangenen Jungtiere nach Europa zu bringen. Schon Thomas S. Savage berichtet von einem Franzosen, der sich von den Schwierigkeiten nicht abschrecken lässt. Der von ihm erworbene Gorilla stirbt aber bereits auf der Überfahrt.

In wissenschaftlichen Zeitschriften und Reisebeschreibungen finden wir weitere Mitteilungen, lassen sich bis 1876 rund ein Dutzend Einzelschicksale nachweisen. Es sind herzzerreißende und bewegende Geschichten, die in der Häufung von Unglücksfällen unerklärlich scheinen: Die Tiere verenden an Durchfall, bekommen Skorbut und andere Krankheiten, fallen bei der Passage über Bord und verhungern, weil die Bananen ausgehen. Noch während der Einfahrt in den Hafen von Le Havre soll – wie Richard Owen um 1861 berichtet – der von einem Kapitän mitgeführte Gorilla gestorben sein.

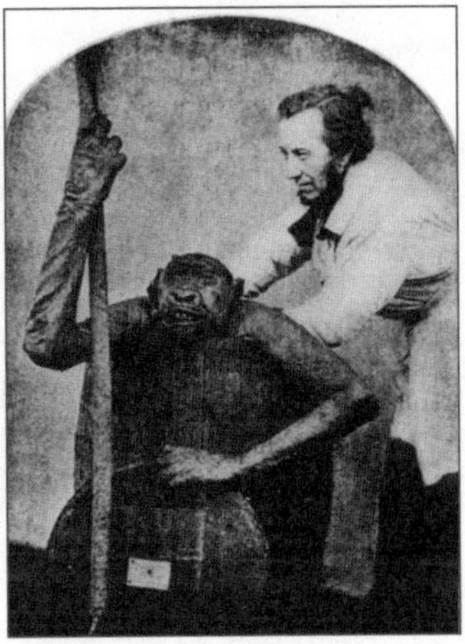

A.D. Bartlett, um 1858

Einmal jedoch gelingt der Versuch und scheitert am Ende trotz allem. Im Spätsommer 1855 wird ein Jungtier aus dem Kongo nach Liverpool überführt und an die Inhaberin von Wombwells Wandermenagerie verkauft. Die Witwe des Menageristen hält die Neuerwerbung für einen Schimpansen, womit sie offenbar nicht auf Widerspruch stößt. In Mädchenkleider gesteckt und Jenny genannt, bleibt der weibliche Gorilla rund sieben Monate am Leben und kann in verschiedenen Städten Nordenglands besichtigt werden. So kommt es, dass auch Charles Waterton, ein berühmter Weltreisender und Naturschutzpionier, Jenny in Augenschein nimmt. Seine Berichte über diese Begegnungen werden in einer Lokalzeitung gedruckt und 1857 in einem Essayband veröffentlicht.

Schon ein kurzer Blick auf den umfangreichen Text genügt, um jeden Zweifel zu beseitigen: »Jenny«, so Waterton, »hat nicht den Ansatz eines Schwanzes, weil sie ein wahrhafter Menschenaffe ist. Ihre Haut ist so schwarz wie die Rinde einer Schlehe, während ihr Pelz lockig und braun erscheint. Ihre Augen sind sehr schön, aber es ist nichts Weißes in ihnen und ihre Ohren sind so klein wie bei einer Negerin. Während Menschenaffen im Allgemeinen wenig mehr als zwei Öffnungen für die Nase haben, hat Jenny dort einen großen Höcker. Er ist abgeflacht und man könnte vermuten, dass eine übereifrige Hebamme während der Geburtsstunde mit ihrem Finger und Daumen darauf gedrückt hat.«[7]

Jenny, Kreidezeichnung

Ebenso eindeutig wie dieser Bericht ist ein zweiter Beweis. Die Inhaberin der Menagerie lässt Jenny nämlich fotografieren. Mehrere Jahre nach dem Tod des Menschenaffen gelangt das Bild in die Hände von Abraham Dee Bartlett, dem Superintendenten des Londoner Zoos. Erst er erkennt, dass es sich um einen Gorilla handelte und stellt die Vorlage einem der besten Tierillustratoren Englands zur Verfügung. Joseph Wolf, ein gebürtiger Deutscher, erarbeitet mit Hilfe der Fotografie eine Kreidezeichnung, die Jenny auf der Astgabel inmitten tropischer Pflanzen zeigt.[8]

Die »Gorillasehnsucht« des Publikums erhält durch solche Geschichten nur neue Nahrung. Begierig greift die Öffentlichkeit jede Mitteilung auf und lässt sich mitunter in die Irre führen. Das 1862 im »Liverpool Mercury« beschriebene Exemplar ist in Wirklichkeit ein Schimpanse, und der von einem betrügerischen Wandermenageristen in Berlin präsentierte Gorilla entpuppt sich als Schopfpavian. Die größte Aufregung löst allerdings ein weiblicher Schimpanse aus, der von Juli 1873 bis Dezember 1875 im Dresdner Zoo lebt. Das nach den Berichten besonders wilde Tier wird von den Experten ganz unterschiedlich beurteilt. Während die einen seine dunkle

Gesichtsfarbe hervorheben und weitere »Gorillamerkmale« entdecken, bestreiten die anderen diese Zuschreibung. Dabei nimmt die Diskussion rasch unversöhnliche Züge an. Wechselseitig werfen sich die Spezialisten »Geringschätzung aller Fakten« und »kleinliche Nörgeleien« vor, fordern sie »rückhaltlose Aufklärung« und »strenge Objektivität«. Mafoka – so der Name des Menschenaffen – wird porträtiert, den Wissenschaftlern in Privataudienz vorgestellt und untersucht. Auch die großen Familienzeitschriften entdecken das Thema und schicken eigene Berichterstatter und Illustratoren.

Porträt von Mafoka, 1875

Der Dresdner Zoodirektor Alwin Schoepf, der Mafoka betreut, lässt sich von den ständigen Besuchen nicht aus der Ruhe bringen. Er weiß, dass die Reklame gut fürs Geschäft und die Diskussion demnach nützlich ist. Einen Großteil der Einnahmen des Zoos hat er diesem ungewöhnlichen Tier zu verdanken. Entsprechend genau beobachtet Schoepf den Gesundheitszustand seines Schützlings, der ihm zunehmend Sorgen bereitet. Als Mafoka in der Nacht vom 14. zum 15. Dezember 1875 an Tuberkulose stirbt, gerät auch dieses Ereignis in die Schlagzeilen. Noch einmal – so die Darstellung eines Journalisten – habe der Affe »die Arme um den Hals des Direktors geschlungen«, ehe er »matt und kraftlos« auf das Todeslager zurückgesunken sei. Zwei Tage später veröffentlichen die »Dresdner Nachrichten« einen längeren Nachruf: »Nun ist der Affe auf dem Höhepunkt seiner Bedeutung gestorben, umworben von den ersten Männern der Wissenschaft, sehnsüchtig begehrt von den zoologischen Gärten, als eine Perle dieses Gartens von den Aktionären gepriesen, von der Verwaltung gehegt und von den Wärtern mit Auszeichnung und besonderer Hingabe gepflegt«, heißt es da voller Anteilnahme.

Die Auseinandersetzungen selbst enden erst nach einigen Monaten. Denn so wie sich die Experten zuvor um die Bestimmung des Affen gestritten haben, so streiten sie nun um den Kadaver. Noch in der Todesnacht versucht man die sterblichen Überreste für das Anatomische Museum der Reichshauptstadt zu reservieren. Dort sind in der Zwischenzeit »alle nur möglichen Vorkehrungen zur photographischen Porträtierung, farbigen Abzeichnung, plastischen Abformung und methodischen Zergliederung der Körperteile« getroffen worden. Doch Adolf Bernhard Meyer, der Direktor des Königlich-Zoologischen Museums zu Dresden, der den wertvollen Kadaver zum Preis von vierhundert Talern erworben hat, denkt nicht daran, ihn wieder herzugeben. Obwohl er durch einen Beschluss des Verwaltungsrates des Zoos dazu verpflichtet gewesen wäre, verzögert er die Ausleihe nach Berlin zugunsten der eigenen Forschungsarbeiten. So ist es schließlich die Ankunft M'Pungus, die der Kontroverse im Sommer 1876 den Boden entzieht. Schlagartig wird klar, dass sich manche Beobachter bei der Bestimmung des »Dresdner Menschenaffen« zu weit vorgewagt haben. Erst jetzt – mit dem zweiten Gorilla, der Europa lebend erreicht – können die Wissenschaftler den alten Fall zu den Akten legen. Im Aquarium »Unter den Linden« und nirgendwo sonst lässt sich der wahre, der echte Gorilla beobachten. In den kommenden achtzehn Monaten wird er das Interesse auf sich ziehen, die Experten in Berlin, Hamburg und London zu genaueren Beschreibungen veranlassen und die Öffentlichkeit stärker bewegen als je ein Menschenaffe zuvor.

Präparierter Balg Mafokas (Bildmitte) im Kgl. Zoolog. Museum Dresden, um 1877

Eine Sammlung von Fotografien

Der nächste Weg auf der Spur des Gorillas führt uns nach Leipzig. Die Bilder, die wir suchen, befinden sich in einem Archiv am Rande der Stadt. Es sind die Fotografien der deutschen Loango-Expedition, veröffentlicht im August 1876. Weltweit gibt es nur noch wenige dieser Alben und eines davon besitzt das Leibniz-Institut für Länderkunde. Genau zweiundsiebzig Fotografien beinhaltet der Schmuckkasten, angeordnet auf fünfunddreißig Blättern aus graugelbem Karton. Auf Blatt zweiundzwanzig dann der Gorilla. Das Foto des kleinen Menschenaffen ist kaum größer als eine Zigarettenschachtel und so anrührend, dass sich ihm niemand entziehen kann. M'Pungu lehnt an einem Holzpfosten, den Kopf zur Seite gelehnt und hat die Augen geschlossen. Links und rechts von ihm sind vier Porträts von Bewohnern der Küstenregion eingeklebt: »Der Alte vom Berge, Herrscher im Dorfe Luzalla« – »Der Priester des Erdgeistes N'Kissi« – »Capinda Neger« – »Junger Babongo« lauten die Bildunterschriften. Doch das sind nur Zugaben, die wichtigste Aufnahme bleibt die in der Mitte, auf sie läuft alles hinaus.[9]

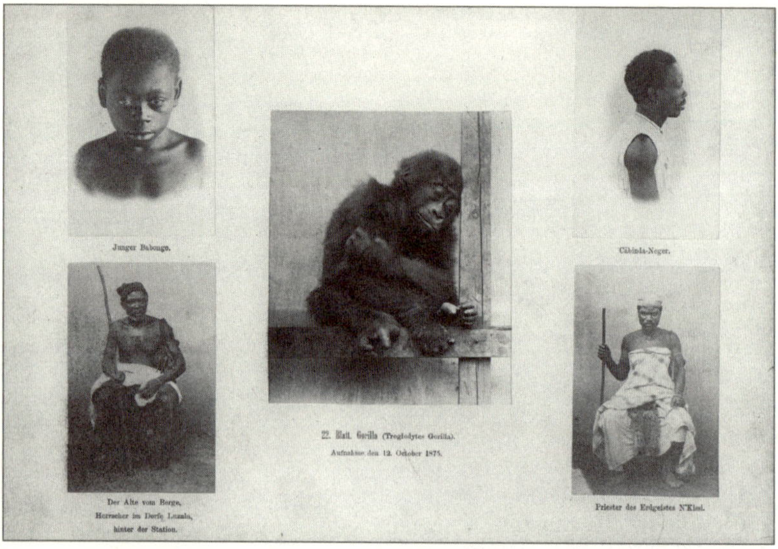

Das Album mit seinen reichen Verzierungen ist nicht der einzige Grund für den Besuch in dem unauffälligen Neubau. In einer Archivmappe aus dem Nachlass des Geographen Eduard Pechuël-Loesche existiert eine weitere Sammlung. Es handelt sich um Dutzende Tierporträts, elf davon zeigen M'Pungu. Allein fünf von ihnen stammen aus Afrika und sind im Oktober 1875 entstanden. Der noch geschwächte Gorilla hockt in einer Ecke, liegt auf der Decke, kauert an der Wand – schlafend oder im Dämmerzustand. Dann folgen sechs Motive aus der Zeit im Aquarium. Ein ganz anderer Menschenaffe begegnet uns nun auf den Plattenaufnahmen. Größer und kräftiger geworden schaut er jetzt in die Kamera. Auch ansonsten birgt der Nachlass manche Überraschung. In acht Kästen werden Statistiken und Exzerpte, Notizen und Artikel, Briefe und Zeitungsausschnitte verwahrt. Linguistisches Material zur Bantusprache, »Aufzeichnungen zur Musik der Naturvölker«, Beobachtungen über Meteorologie – all das folgt hintereinander. Und immer wieder handeln die Manuskripte von der Loangoküste, einer Landschaft, die heute zu Angola gehört. Zwei Jahre seines Lebens hat Pechuël-Loesche hier in der deutschen Forschungsstation Chinchoxo [Abb. S. 27]verbracht. Sein bewegendes Tagebuch aus dieser Zeit umfasst Hunderte Seiten und liest sich spannender als jeder Roman. Die Geschichte der Station und der mit ihr verbundenen Afrikaexpedition beginnt allerdings bereits vor dem Gorilla und sie nimmt ihren Anfang in Berlin.

Obwohl die Hauptstadt des Deutschen Reiches 1872 auf viele Beobachter noch provinziell wirkt, ist sie eine Metropole im Aufschwung. Überall wird gebaut und investiert, eröffnen neue Geschäfte. Der Energie der Stadt kann sich kaum jemand entziehen, und auch die Mitglieder der Gesellschaft für Erdkunde zu Berlin verfolgen weitreichende Pläne. Nach der Reichsgründung wollen sie dem Vaterland endlich jenen Platz sichern, den England und Frankreich schon lange in Anspruch nehmen. Dabei geht es um nichts weniger als um die Vermessung der Welt, die Entdeckung der letzten noch unerforschten Gebiete der Erde. Vor allem Afrika hat es ihnen angetan. Der »schwarze Kontinent« liegt näher an Europa als alle anderen Ziele, über sein Inneres aber ist am wenigsten bekannt. Gespannt hat man in Deutschland die Entdeckungsreisen von David Livingston und Henry Stanley verfolgt und ihre Routen nachgezeichnet. Im Juni 1872 erreicht Georg Schweinfurth Berlin und berichtet hier von seiner dreijährigen Reise zu den Pygmäen und anderen Völkern. Die Rückkehr Schweinfurths bestärkt die vorhandenen Bestrebungen. Denn eines zumindest scheint deutlich zu sein: Wer jetzt nicht aufbricht, die Kräfte nicht schnell und entschlossen bündelt, wird beim Wettlauf der Nationen um die letzten Geheimnisse und die Ausbeutung Afrikas zu spät kommen und sich mit der Rolle des Zuschauers begnügen müssen.

Dem Mediziner und Naturforscher Adolf Bastian bereitet diese Situation seit langem Kopfzerbrechen. Schon um die Jahrhundertmitte hat er Australien und Indien bereist und 1857 Angola besucht. Fünfzehn Jahre später zählt der Wissenschaftler zu den Begründern der deutschen Ethnologie, ist sein Name mit zahlreichen Publikationen verbunden. Als Vorsitzender der Berliner Gesellschaft für Erdkunde ergreift er nun die Initiative und lädt die Vertreter der geographischen Vereine des Landes zu Beratungen ein. Nach umfangreichen Vorarbeiten, an denen sich Delegierte aus Leipzig und Hamburg, München und weiteren Städten beteiligen, wird im April 1873 die »Deutsche Gesellschaft zur Er-

Adolf Bastian

Illustrirte Zeitung.

Nr. 1614.] Erscheint jeden Sonnabend. Leipzig, 6. Juni 1874. Vierteljährlicher Abonnementspreis 2 Thlr. [LXII. Band.

Die deutsche Expedition zur Erforschung Innerafrikas.

Ein Jahr ist jetzt verflossen, seit durch einmüthiges Zusammengehen der geographischen Gesellschaften Deutschlands die Afrikanische Gesellschaft zu Berlin begründet wurde, deren Zweck die wissenschaftliche Erschließung der noch unbekannten Gebiete Centralafrikas ist.*) In der That konnte gegenwärtig keine bedeutungsvollere Expedition geplant werden als eine von der Westküste Afrikas, von den nördlichen Kongoländern nach Osten hin aufbrechende, die nach den Gebieten der großen, durch Livingstone entdeckten Seen vordringt und dort die mit einem Schlag die Räthsel der Gestaltung Innerafrikas löst. Auch die Engländer sind in dieser Richtung bereits thätig, auch sie haben erkannt, daß das wichtigste, für unsere Zeit gleichsam noch aufgesparte Forschungsgebiet zu beiden Seiten des Aequators in Afrika liegt. Dank der Deutschen Gesellschaft zur Erforschung Aequatorialafrikas sind wir jedoch auch im Stande, bei der Lösung dieser großen Aufgabe maßgebend mitzuwirken, und der Beginn, die Einleitung des ganzen Unternehmens ist so vielversprechend, daß wir wol mit einiger Genugthuung auf das innerhalb eines Jahrs Geleistete zurückschauen dürfen.

Versuchen wir es, einen kurzen Ueberblick des bisherigen Verlaufs der Expedition und der von ihr erreichten Resultate zu geben. Die erste Nachricht, welche Europa erreichte, war keine erfreuliche; sie meldete uns den Schiffbruch des Dampfers Nigritia auf dem Carpenter-Felsen an der Küste von Sierra Leone am 14. Juni 1873. Fast alle Instrumente, die ganze Ausrüstung gingen verloren, und Dr. Güßfeldt und v. Hattorf retteten nur das nackte Leben. Aber trotz des so bedeutenden Verlustes, den sie erlitten, trotz der traurigen Lage,

*) Vergleiche darüber und über die ersten Schritte der Expedition den Artikel von Gerhard Rohlfs in Nr. 1564 der „Illustrirten Zeitung" vom 21. Juni 1873.

forschung Äquatorial-Afrikas« ins Leben gerufen. Sie nimmt ihren Sitz in der Berliner Kronenstraße, wo die Ausrüstungsgegenstände der geplanten Expedition bald mehrere Räume füllen.[10]

Da die Gesellschaft ein Korrespondenzblatt veröffentlicht, sind ihre Aktivitäten gut dokumentiert. Wie immer – und daran hat sich im Kaiserreich wenig geändert – geht es zunächst ums Geld. Die Spenden für die Expedition fließen bei weitem nicht so, wie erhofft. Die beschwörenden Worte und nationalen Appelle finden zwar viel Sympathie, doch mit Ausnahme eines Bankdirektors lässt sich niemand bewegen, namhafte Summen einzuzahlen. Auch der Reichstag verweigert eine regelmäßige Unterstützung und einzig der Kaiser gewährt einen Zuschuss, der jedes Jahr neu zu beantragen ist.[11] So bleiben es kleinere Beträge, die sich jedoch summieren und die Kasse fürs Erste füllen. Zum Glück trägt ein Mitglied der Expedition seine Ausrüstungskosten selbst, stellt Paul Güßfeldt sechstausend Taler aus dem eigenen Vermögen zur Verfügung. – Geld genug, um die Forschungsreise im Mai 1873 zu beginnen, zu wenig, um sie dauerhaft abzusichern.

Der Plan, den der Vorstand der Gesellschaft mit der Expedition verfolgt, ist wagemutig. Im Unterschied zu allen bisherigen Versuchen soll der Kontinent diesmal von der Südwestküste bezwungen werden. Durch den Vorstoß ins Innere, die Erforschung des Kongo und seiner Zuflüsse, hofft man weltweite Aufmerksamkeit zu erregen. Sogar die Durchquerung Afrikas bis hin zum Indischen Ozean haben sich die Urheber des Projekts auf die Fahnen geschrieben. Große Ziele also, die strategischen Weitblick erfordern. Von drei Seiten aus will man die Männer »ins Feld schicken« und zudem eine Forschungs- und Basisstation errichten. Bastian selbst fährt noch im Juni mit einem Dampfschiff der portugiesischen Afrikalinie an die Loangoküste. Seine Briefe an den Vorstand klingen überaus vielversprechend und enthalten eine Fülle von spannenden Details. Dass sich darunter auch Mitteilungen über Gorillas finden, stößt in Berlin auf großes Interesse. So berichtet Bastian von einem europäischen Händler, der in der Region um »Chicambo« schon dreimal Jungtiere aufgezogen habe, weshalb es nirgends einen besseren Platz gäbe, »um über diese Waldmenschen Beobachtungen anzustellen«.[12]

Auf dem Wege nach Afrika

Der fünfzehn Wochen währende Aufenthalt Bastians ist nur ein Vorgeplänkel. Die eigentliche Mannschaft der Expedition setzt sich aus anderen Männern zusammen. Schon nach dem Bekanntwerden der neuen Afrikapläne sind in Berlin fast fünfzig Bewerbungen eingegangen. Anmeldungen aus ganz Europa und selbst aus den USA müssen gesichtet und beantwortet werden. Das Interesse an einer Teilnahme ist also groß, doch nicht jeder, der sich ins Spiel bringt, erfüllt die Voraussetzungen. Aus gutem Grund gilt eine Reise ins Innere Afrikas noch immer als Abenteuer. Vor allem Tropenkrankheiten wie Gelbfieber und Malaria, gegen die man sich mit Chinin und geringen Dosen Arsen zu schützen sucht, fordern zahlreiche Todesfälle. Die Teilnehmer müssen jung und belastbar, zugleich aber qualifiziert genug sein. Ein Studium oder eine solide Ausbildung werden ebenso erwartet wie Scharfblick, Beobachtungsgabe und Willensstärke. Dennoch träumen viele von dieser Chance, verspricht sie doch Ruhm und bessere Aufstiegschancen. Wer überlebt, und das sind im 19. Jahrhundert rund zwei Drittel der Forschungsreisenden, findet seinen Namen später im Lexikon.

Die Expedition, die sich ab 1873 in Etappen auf den Weg macht, besteht aus bis zu acht Mitgliedern. Ihr Leiter, Paul Güßfeldt, hat Mathematik und Naturwissenschaften studiert und sich in Bonn

P. Güßfeldt

habilitiert. Als passionierter Alpinist, dessen Erstbesteigungen im ganzen Land Aufmerksamkeit erregen, ist er vor Kurzem noch in den Bergen des Mont-Blanc-Massivs unterwegs gewesen.[13] Der Seemann und Geograph Eduard Pechuël-Loesche wiederum kennt nicht nur die Küstenregion beider Amerika, sondern auch die Inselwelt des Atlantischen und des Pazifischen Ozeans. Mehrere der Expeditionsteilnehmer sind promoviert und drei von ihnen werden später Professoren. Noch aber stehen die Wissenschaftler am Anfang ihrer Karriere, brechen sie voller Hoffnungen nach Afrika auf.

Fast immer beginnt die Reise dabei in Hamburg und führt über London nach Liverpool, den Hafen, der im 18. Jahrhundert ein Hauptschauplatz für den Handel mit Sklaven aus Afrika war. Hier starten jetzt die Schiffe der »British and African Steam Ship Company«, auf denen die meisten der Reisenden Plätze gebucht haben: zu zweit oder allein, auf verschiedenen Dampfern und mit genauen Instruktionen im umfangreichen Gepäck.

Im August 1873 werden zwei weitere Mitglieder der Expedition bestimmt. Es handelt sich um den Militärarzt Julius Falkenstein und um Otto Lindner, einen jungen Mechaniker. Es ist nicht das erste Mal, dass es Falkenstein in die Ferne zieht. Schon vor sechs Jahren hat er sich für die Deutsche Nordpolarexpedition beworben und ist damals zu spät gekommen. Noch immer unverheiratet und seit einiger Zeit in der Hauptstadt stationiert, versucht es der gebürtige Berliner nun erneut. Der Einunddreißigjährige, der im Verlauf der Reise den Gorilla M'Pungu betreuen und nach Europa bringen wird, stammt aus einer Medizinerfamilie. Sein Vater, ein jüdischer Kaufmannssohn aus Preußisch Friedland, war 1830 zum Protestantismus konvertiert und hatte als Arzt im Gebäude der Charité praktiziert. Julius Falkenstein führt diesen Beruf fort. Nach dem Besuch des Französischen Gymnasiums, in dem er viel über die alten Griechen und wenig über Naturwissenschaften erfährt, beginnt er ein Studium an der Pépinière. Die berühmte Ausbildungsstätte der Preußischen Militärärzte, das »Medicinisch-chirurgische Friedrich-Wilhelm-Institut«, gilt als praxisorientiert und verfügt über einen entscheidenden Vorteil. Die Ausbildung und alle Prüfungen sind kostenfrei. So können auch weniger betuchte Familien hier ihre Söhne studieren lassen, wofür es von Rudolf Virchow bis Gottfried Benn berühmte Beispiele gibt.

J. Falkenstein

Noch vor der Approbation zieht Falkenstein in den Krieg und nimmt im Sommer 1866 am Feldzug gegen Österreich teil. Erst danach kann er das Studium abschließen und mit einer in Latein verfassten Arbeit über die Behandlung von Typhus promovieren. Ob sich der junge Arzt wirklich für Medizin begeistert, wissen wir nicht. Fest steht, dass er im Studium auch Zoologievorlesungen hört und der Deutschen Gesellschaft für Ornithologie beitritt. Gemeinsam mit Alfred Brehm und Otto Hermes taucht sein Name in den Sitzungsberichten der Gesellschaft auf, die Ende 1872 in der Schlossbrauerei »Unter den Linden« tagt. Zu diesem Zeitpunkt dient Falkenstein bereits im Stab des Generals Gustav von Lauer, dem Leibarzt des Kaisers. Von Lauer fördert den vielversprechenden Mitarbeiter und ermöglicht ihm die Teilnahme an der Loango-Expedition, für die er eine Freistellung von der Armee erhält.

Mit vierzehn verlöteten Kisten und zwei schwarz-struppigen Schäferhunden brechen der Arzt und der ihm unterstellte Mechaniker am 20. September 1873 nach Afrika auf. Die »Benin«, das Dampfschiff, das sie von Liverpool über Madeira und die Kana-

Landungsbrücke im Hafen von Liverpool, um 1858

Wrack des Dampfers, mit dem Paul Güßfeldt 1873 vor Afrika Schiffbruch erlitt

rischen Inseln bis an die afrikanische Westküste befördert, ist voll beladen. Eine kleine Anzahl von Passagieren teilt sich den Raum mit einer großen Menge an Waren. Da die Fahrt aufgrund der häufigen Unterbrechungen in den Hafenstädten sechsunddreißig Tage dauert, bleibt genug Zeit, die Gedanken zu ordnen und Tagebuch zu führen. Für Julius Falkenstein geht ein Traum in Erfüllung. Seit der Kindheit hat er von einer solchen Reise geschwärmt, sich das Meer und die exotischen Länder ausgemalt. Die Passage selbst ist nicht ohne Risiken. Erkrankungen stellen sich ein und auf den Schiffen, die ihnen entgegenkommen und auf denen der Arzt einige Patienten behandelt, erlebt er erste Seebestattungen. Allein sieben Europäer haben auf der »Ambria«, die auf dem Rückweg vom Kongo ist, ihr Leben verloren. Hinzu kommt eine weitere Gefahr: Zweimal läuft die »Benin« vor der Küste auf Grund, wobei es ihr stets gelingt, nach kurzer Zeit freizukommen. Ganz anders hat es da den Leiter der Expedition, Paul Güßfeldt, getroffen. Bei einem Schiffsunglück am 14. Juni 1873 muss er zusehen, wie der größte Teil seiner wertvollen Ausrüstungsgegenstände im brackigen Meerwasser versinkt.

Das Reiseziel von Julius Falkenstein und Otto Lindner heißt Chinchoxo, eine von den Portugiesen gegründete Handelsstation rund neunzig Kilometer nördlich der Kongomündung. Mit Hilfe einheimischer Arbeiter ist es Paul Güßfeldt in den vergangenen Monaten gelungen, das verlassene und heruntergekommene Häuschen neu herrichten und einen Fußboden aus Holzdielen legen zu lassen. Das rund siebzig mal fünfundsiebzig Meter große Areal der Station befindet sich auf einem grasbewachsenen Plateau direkt am Atlantik. Allerdings vermitteln die Bilder und Zeichnungen, die von dem Ort existieren, ein unklares Bild. So einsam, wie es scheint, leben die Mitglieder der Expedition keineswegs. Nur achthundert Meter weiter existiert eine holländische Faktorei, während etwa ein Kilometer entfernt das Dorf Lusala liegt. Überhaupt sind die Deutschen in jeder Hinsicht auf ihre Nachbarn angewiesen. Ohne die Unterstützung der europäischen Händler und der einheimischen Bevölkerung hätten sie die Station nicht aufbauen und unterhalten können. Die Loangoküste zählt längst zu den Einzugsgebieten der europäischen Handelsgesellschaften, den Vorposten der Ko-

lonisierung. Ein Netz von Faktoreien und Dörfern, von Missionsstationen und kleineren Siedlungen durchzieht das Gebiet. Wer in diesem Landstrich das »unberührte Afrika« sucht, kommt Jahrhunderte zu spät. Trotzdem klingen die ersten Briefe Falkensteins zuversichtlich. Er schildert den »stattlichen Anblick der auf einem Bergrücken gelegenen Forschungsstation« und bedauert, die vorübersegelnden Schiffe noch nicht mit der deutschen Flagge grüßen zu können. Ganz anders lässt sich die Ankunft in Chinchoxo in seinem späteren Buch nachlesen. Im Wissen um den Ausgang der Expedition, beschreibt er die Situation nun vorsichtiger: »Das bereits fertige, aus Papyrusschäften gebaute, niedrige Wohnhaus bot zwar Raum und einen gewissen Comfort, viel mehr als ich vermuthet hatte, aber die mitgebrachte Ausrüstung war beträchtlich, und es zeigte sich bald, dass zu einer zweckmässigen Unterbringung mehr Platz erforderlich sei ... daher traf es sich glücklich, dass bereits schwarze Zimmerleute beschäftigt waren, eine verschliessbare, gegen Diebstahl sichere Hütte aufzustellen; so konnten sie gleich für die weiteren Bauten benutzt werden. Selbstverständlich schien es dabei, dass zur Ausführung aller Pläne nur wenige Wochen erforderlich sein würden... Damals gingen wir noch in froher Hoffnung frisch an die Arbeit, aber Monate lang blieben die Plätze bestimmt und vermessen, und immer noch warteten wir vergebens auf die

Station Chinchoxo, 1875

Teilnehmer der Expedition. Von links: E. Pechuël-Loesche, O. Lindner, P. Güßfeldt, Major von Mechow, J. Falkenstein

Fertigstellung des Waschraumes. Was half alles Schelten und Zureden, was alle Aufsicht und Ueberwachung? Die Hölzer waren eisenhart und spröde, die Instrumente ungeeignet und in ungeübter Hand, viele Stunden des Tages machte strömender Regen unbenutzbar, und immer hatte der Neger unendlich viel Zeit. Er arbeitete mit unsagbarer Langsamkeit und unbeschreiblicher Schlaffheit. Hatte man beim Messen, Hobeln, Glätten ein Weilchen zugesehen, so musste man sich abwenden, wenn man die Geduld nicht gänzlich verlieren wollte.«

Was heute einen rassistischen Beigeschmack hat, gilt im 19. Jahrhundert als vollkommen normal. Die »Überlegenheit« der europäischen Kultur ist nicht nur den deutschen Afrikaforschern selbstverständlich. Dabei bringt Falkenstein der einheimischen Bevölkerung sogar mehr Verständnis entgegen als viele seiner Kollegen. Als Arzt hat er bald erkannt, wie gefährlich die harte körperliche Arbeit unter den klimatischen Bedingungen werden kann und dass sich die angeheuerten Zimmerleute wahrscheinlich richtig verhalten. Den-

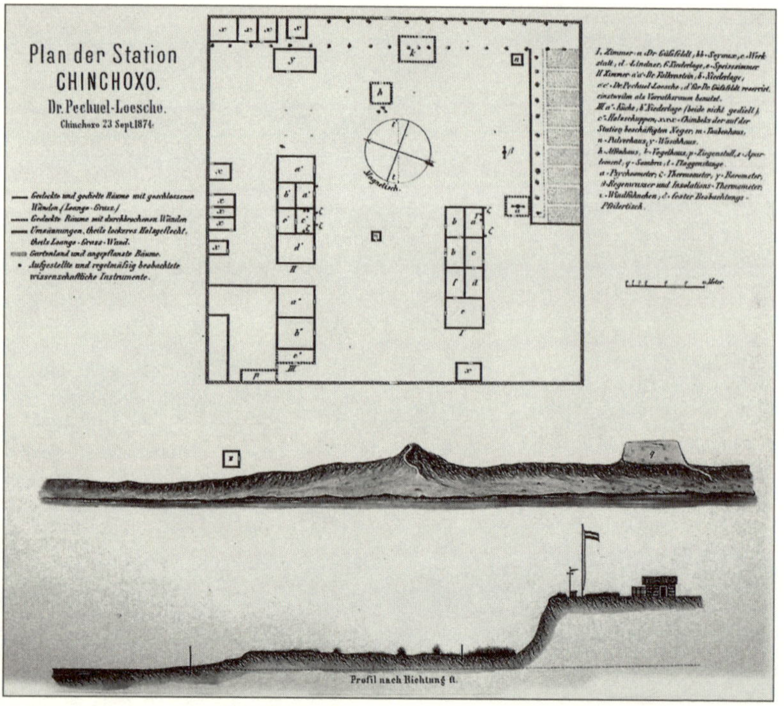

noch fällt es ihm und den anderen Expeditionsteilnehmern schwer, sich auf die Verhältnisse einzulassen. Ehrgeizig und ohne genaue Kenntnis des Landes wollen die Deutschen ihre Ziele unter allen Umständen verwirklichen. Spannungen und Rückschläge ergeben sich da von allein. Während man in der Heimat spektakuläre Erfolge und die Entdeckung noch unbekannter Gebiete erwartet, haben die Forschungsreisenden in Chinchoxo mit den immer gleichen Problemen zu kämpfen. Schon die gefürchtete Malaria lähmt nicht selten jegliche Unternehmungslust. Hinzu kommen die massenhaft auftretenden Sandflöhe, die sich neben den Mosquitos zu einer schwer erträglichen Plage entwickeln. Auch die Feuchtigkeit in den Regenzeiten macht den Teilnehmern zu schaffen. »Feuchtigkeit, Gestank, Schwüle, eine wahrhaft vergiftete Luft. Alles ist mit Schimmel bedeckt, die Häuser faulen, übler Modergeruch überall. Böser Einfluß!«, notiert Eduard Pechuël-Loesche am 15. April 1875 in sein Tagebuch. Und damit nicht genug. Für den Erfolg der Mission, den Aufbruch ins Hinterland und den Beginn der Forschungsreise ins Innere müssen weitere Schwierigkeiten überwunden werden. Da die Expeditionen in dieser Zeit viel Gepäck mit sich führen, benötigt man vor allem Träger. Die aber sind nur mit großen Mühen, wenn überhaupt, zu bekommen. Viele der Männer werden gegen ihren Willen nach Chinchoxo gebracht, sterben an Krankheiten oder nutzen jede Gelegenheit, die Flucht zu ergreifen. So scheitern die großen Pläne schon an der Tatsache, dass sich niemand findet, der die Lasten durch das unbekannte Gelände trägt. Kein Wunder, dass sich unter diesen Bedingungen die Auseinandersetzungen unter den Mitgliedern der Expedition verstärken. Unterschiede in Charakter und Temperament, in der Konstitution und der Ausbildung treten nun klarer zutage und lösen im Zusammenhang mit der Uneinigkeit über den weiteren Weg heftige Konflikte aus.

Wer die Aufzeichnungen der Expeditionsteilnehmer liest, wird zudem eines bemerken: Obwohl auch in Deutschland der Tod damals weit alltäglicher und auf gewisse Weise »normaler« ist, scheint er in Afrika allgegenwärtig zu sein. Die grausame Behandlung der Einheimischen durch manche Europäer und die Spannungen innerhalb der hier ansässigen Gemeinschaften führen zu Fällen schockierender Gewalt. Der erst vor wenigen Jahren verbotene Sklavenhandel und die Tradition der Hexenverbrennungen prägen noch immer die Mentalität eines ganzen Landstrichs. Julius Falkenstein und Eduard Pechuël-Loesche, Paul Güßfeldt und der Botaniker Herman Soyaux – sie alle müssen sich damit auseinandersetzen. So notiert Pechuël-Loesche die Ereignisse um den Koch der Station, der von seiner Dorfgemeinschaft der Hexerei für schuldig befunden wird. Seine Knochen und Schädelteile finden die Männer Tage darauf in einer Feuerstelle am Strand. Doch auch Paul Güßfeldt scheut sich nicht, die einheimischen Arbeiter zu schlagen. Verbittert über die ständigen Misserfolge und befangen in vielen Vorurteilen, bleibt ihm die Mentalität der hier lebenden Bevölkerung fremd. Die Notwendigkeit, sich mit den Häuptlingen der umliegenden Dörfer auseinanderzusetzen und in langen Palavern die Nutzungsbedingungen der Station auszuhandeln, empfindet er als Zumutung. Als schließlich im Juni 1875 noch ein letzter Versuch unternommen werden soll, ins Landesinnere aufzubrechen, fliehen nicht nur fast alle Träger, sondern zugleich ihre Aufseher. Deprimiert und erschöpft verlässt Güßfeldt Afrika nur Tage später, um in Berlin über das weitere Vorgehen zu beraten.

Angesichts dieser Herausforderungen sind die Ergebnisse der Loango-Expedition umso erstaunlicher. Allerdings liegen sie auf einem anderen Gebiet als erwartet. Denn fast unbemerkt von der deutschen Öffentlichkeit treffen in den Museen der Hauptstadt ab 1874 zahlreiche Kisten mit Tierpräparaten und getrockneten Pflanzen ein. Auch Masken und Alltagsgegenstände der Küstenbewohner, Fotos und Zeichnungen, Karten und Messergebnisse beweisen, dass die Männer nicht untätig sind. Stattdessen wird systematisch gesammelt und dokumentiert, trägt man allein in der meteorologischen Station von Chinchoxo rund vierzigtausend Daten zusammen. Da die Mitglieder der Expedition verschiedene Fachgebiete vertreten, versteht es sich von selbst, dass sie jeweils auch speziellen Aufgaben nachgehen. Eine so breit gefächerte Kooperation von Wissenschaftlern hat es in Schwarzafrika bislang nicht gegeben. Während sich Güßfeldt zum Beispiel um geographische oder astronomische Messungen kümmert und Pechuël-Loesche unter anderem Sprachstudien treibt, übernimmt Falkenstein zoologische Arbeiten, ist er der Fotograf des Unternehmens. Mit seiner schweren Ausrüstung steht der technisch versierte Arzt oft im Mittelpunkt der Aufmerksamkeit, gilt er in manchen Dörfern als Regenmacher. Die noch junge Fotografie ersetzt häufig auch Messungen der Kopf- und Körperformen der Einheimischen. Mit ihrer Hilfe will man in Europa die menschlichen Wesensmerkmale und Unterschiede genauer bestimmen, wie überhaupt viele Daten und Sammlungen der Expedition erst in der Heimat ausgewertet werden.

Als Leiter der Station und einziger Arzt weit und breit fällt Falkenstein eine besondere Verantwortung zu, kümmert er sich nicht nur um die Mitglieder der Forschungsgruppe. Auch die in der Region lebenden Europäer, meist Portugiesen, Engländer und Holländer, erhoffen sich Hilfe: »Bis zu unserer Ankunft«, so der Autor in seinem Reisebericht, »war an der ganzen Strecke vom Banya bis zum Congo jeder sein eigner Arzt gewesen und hatte sich nach überlieferter Schablone durch Brech- und Abführmittel, Chinin, Opium und Höllenstein behandelt... Das war nun bei dem Erscheinen eines deutschen Arztes an der Küste mit einem Schlage anders... Jeder wollte untersucht und berathen sein, war entweder mit einmal verabreichter Medicin zufrieden oder schrieb noch wochenlang

Zelt der deutschen Loango-Expedition, 1874

nachher um Erneuerung, ging entweder nach mehrstündiger Rast wieder heimwärts oder hatte, wie das umfangreiche Gepäck bekundete, die feste Absicht, die Heilung an Ort und Stelle abzuwarten.«

Nach Falkensteins Ankunft in Chinchoxo wird die Station langsam erweitert, so dass sie zum Schluss aus zwei Wohnhäusern, einer Küche und mehreren Wirtschaftsgebäuden besteht. In zehn Hütten, die noch innerhalb der Umzäunung liegen, wohnen die einheimischen Arbeitskräfte und Übersetzer. Zu der Anlage gehört bald auch ein kleiner »Tiergarten«. Ursprünglich zur besseren Beobachtung der »zoologischen Studienobjekte« gedacht, dient er gleichermaßen dem Zeitvertreib und der Erholung der Expeditionsteilnehmer. In seinen Aufzeichnungen geht Falkenstein sogar soweit, diese Aufgabe als seine wichtigste Funktion zu bezeichnen und von ähnlichen Versuchen aufgrund des Zeitaufwands und der Kosten abzuraten. In den späteren Veröffentlichungen der Reisenden spielt die Begegnung mit den auf der Station gehaltenen Tieren durchaus eine Rolle. In einem eigenen Kapitel beschreibt Herman Soyaux die Volieren und Käfige sowie das zentral gelegene Affenhaus. Auf einem literarischen Rundgang durch die Anlage begrüßt der Botaniker zunächst einen Graupapagei, der ihm erwartungsgemäß

»Guten Morgen Soyaux« entgegenkrächzt. Wie die Leser erfahren, leben auf der Station rund ein Dutzend Affen, darunter Paviane und Meerkatzen, bis zu drei Schimpansen, mehrere Schildkröten und ein zahmer Streifenschakal. In einem vergitterten Kasten werden zwei Felsenpythons und eine Nashornviper gehalten, und in einem Lehmhäuschen hat man eine Waldantilope untergebracht. Besonders zahlreich sind die Vögel vertreten, da sich Falkenstein intensiv mit ornithologischen Fragen befasst. Dieses bunte Durcheinander von Wildtieren, das durch Schafe, Ziegen und die zwei Schäferhunde noch komplettiert wird, bietet Anlass zu ständigen Überraschungen. Besondere Aufmerksamkeit erregt dabei die alte und wie es übereinstimmend heißt »ungeheuer häßliche« Schimpansin Pauline. Das gleiche gilt für den Mohr, eine von allen geliebte Mangabe aus der Familie der Meerkatzenverwandten. Ausgerechnet sie fällt bei der Rückfahrt nach Europa über Bord, ein Verlust, der nicht nur Falkenstein nahegeht und tagelang für gedrückte Stimmung sorgt.

Tiere der Station Chinchoxo, 1875

Gorillajagden

Das besondere Verhältnis der Expeditionsteilnehmer zu den Tieren auf der Forschungsstation schließt nicht aus, dass man gleichzeitig sein Jagdglück versucht. Allerdings ist dies im hohen Gras rings um Chinchoxo schwierig. Nur auf den Vorstößen ins Hinterland, den vereinzelten Forschungsreisen, bekommen die Deutschen überhaupt Großwildtiere zu sehen. Auch Falkenstein beteiligt sich an einer dieser Expeditionen, die zum gefährlichsten Erlebnis seiner Afrikajahre wird. Tagelang liegt er in den Urwäldern am Kouilou mit Fieber danieder und hat am Ende blutigen Auswurf und Todesangst. Trotzdem ist das gemeinsam mit Eduard Pechuël-Loesche durchgeführte Unternehmen ein Erfolg. Anders als auf dem offenen Plateau am Ozean muss man hier nicht aufwändig suchen, um auf interessante Spuren zu stoßen. Die beiden schießen Flusspferde, Affen und Hunderte Vögel. Wann immer es sich um unbekannte oder besonders wertvolle Exemplare handelt, werden sie konserviert und im Reisegepäck mitgeführt. Die Männer kommen damit zugleich einer Forderung des Berliner Vorstands nach, der Wert auf zoologische Präparate legt. Seine Instruktion, auch leben-

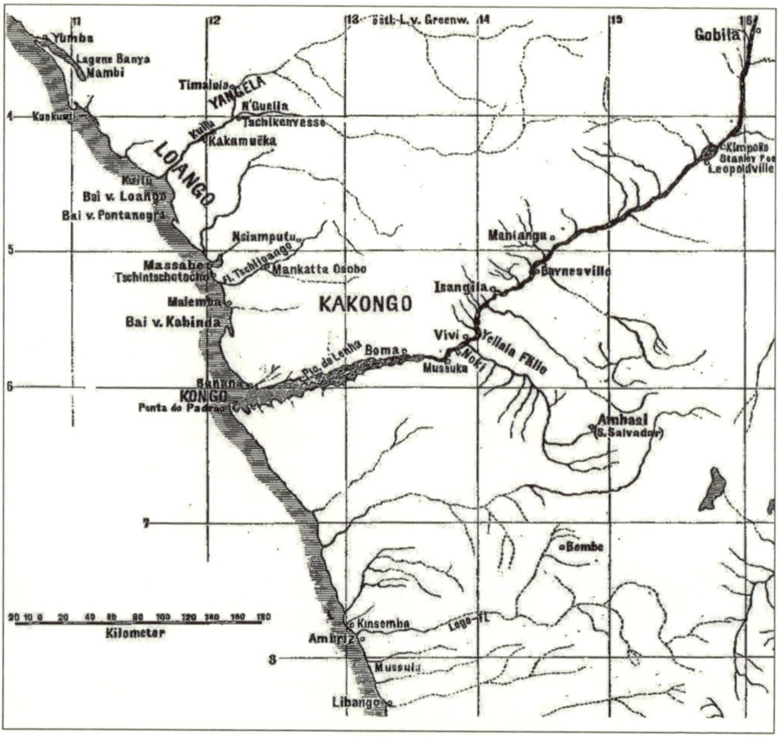

Karte des Expeditionsgebietes, um 1880

de »Schimpansen, Gorillas, Krokodile, junge Nilpferde und Elefanten« nach Deutschland zu schicken, löst in der Forschungsstation ungläubiges Kopfschütteln aus. Offenbar macht man sich in der Heimat keine Vorstellung von den Schwierigkeiten, mit denen die Expedition zu kämpfen hat.

Während das Geschrei der Schimpansen zu den wiederkehrenden Erlebnissen der Reisenden gehört, bleibt der größte der afrikanischen Menschenaffen ein Geheimnis. »Die Heimat des Gorillas« – so nennt Eduard Pechuël-Loesche eines seiner eindrucksvollen Aquarelle. Die Leser, die das Bild später in mehreren Büchern betrachten können, erkennen auf ihm ein dichtes, von Lianen umranktes Urwaldgestrüpp. Selbst wenn es im farbigen Original weniger bedrohlich wirkt, es bleibt eine düstere Szene [Abb. S. 43]. »Neidisch und feindselig umwehrt der Wald die Zugänge und Grenzen seines Reiches«, heißt es dazu an anderer Stelle. Auf den Spuren Du Chaillus und des deutschen Gorillajägers Hugo von Koppenfels, der seit Ende 1873 durch Afrika reist, versuchen fast alle Mitglieder der Expedition, Gorillas aufzuspüren. Die Ergebnisse sind niederschmetternd. Nur die von den Dorfgemeinschaften als Fetische verehrten Schädel der Tiere werden – wenn es die Besitzer zulassen – gesammelt und nach Europa versandt. Die Befragung der einheimischen Jäger fördert kaum Neues zu Tage. »Je weniger die Eingeborenen vom Gorilla wissen, um so mehr haben sie von ihm zu erzählen«, bemerkt einer der Reisenden dazu sarkastisch.

Im Korrespondenzblatt der »Deutschen Gesellschaft zur Erforschung Äquatorial-Afrikas« findet sich dennoch ein weiterer Hinweis. Oskar Lenz, der als Geologe im Auftrag der Gesellschaft 1875 in Gabun unterwegs ist, berichtet hier von einem Jungtier, das mehrere Wochen in einer Niederlassung des Hamburger Handelshauses Woermann lebt. Aus Furcht vor Bissverletzungen hat man ihm die Eckzähne abgefeilt und es an eine lange Eisenkette gelegt. Sein Schlafplatz befindet sich in einer großen Tonne, die in der Nacht mit einem dicken Segeltuch umwickelt wird. Der etwa zweijährige Gorilla, der sich, wie Lenz schreibt, schnell an die neuen Umstände und die Menschen gewöhnt hat, soll dem Zoologischen Garten von Hamburg zum Geschenk gemacht werden. Wie so oft scheitert auch in diesem Falle die Überfahrt. Der Gorilla stirbt bereits am zweiten Tag der Seereise und kommt in einem Fass voll Spiritus in der deutschen Hafenstadt an.[14]

M'Pungu

Am Ende ist es Julius Falkenstein, der auf überraschende Weise Erfolg hat. Nun zahlt es sich aus, dass der talentierte Arzt bei den Europäern an der Loangoküste in hohem Ansehen steht. Nur so ist es zu erklären, dass ihm von dem Portugiesen Laurentio Antonio dos Santos am 2. Oktober 1875 ein junger Gorilla geschenkt wird. Die in der Tat erstaunliche und großzügige Geste ist der Dank für die uneigennützige Hilfe, die der Deutsche in mehreren Krankheitsfällen geleistet hat. Zum Zeitpunkt der Schenkung befindet sich Falkenstein auf der Rückreise von seiner Kouilou-Reise und weiß bereits, dass man in Berlin mit den Ergebnissen der deutschen Loango-Expedition hart ins Gericht geht. Wohl auch deshalb verschweigt er in seinem Brief die Umstände, durch die er den Menschenaffen in der Handelsstation Ponta Negra erhalten hat. Was

Die Loangoküste. Blick von den Hügeln von Chinchoxo nach Norden, 1875

jetzt gebraucht wird, sind Erfolgsmeldungen. Der erste Bericht über M'Pungu – so nennen die Einheimischen alle Gorillas – ist ein faszinierendes Dokument.[15] Im Unterschied zu den Schilderungen Du Chaillus, der auch die Jungtiere als wild und bösartig charakterisiert hat, findet Falkenstein eine fast zärtliche Sprache, macht keinerlei Hehl aus seiner Zuneigung: »Als eine Hauptbeute der Reise, welche Herrn Dr. Pechuel Loesche und mich in das Quillu-Gebiet [Kouilou-Gebiet] führte, ist ein junger lebender Gorilla anzuführen, der sich nun seit mehr als sechs Wochen unter meiner speciellen Obhut auf der Station Chinchoxo befindet. Dieser hat in seiner äußeren Erscheinung durchaus nichts Unangenehmes und muss namentlich jedem Kinderfreund viel Vergnügen gewähren. Seine Physiognomie hat etwas erschreckend Menschenähnliches. Der melancholische Ausdruck dieses in stetes Nachdenken versunkenen schwarzen, runden Kindskopfes lässt den Beschauer befangen zurücktreten, während das energische Wesen, mit dem er jede Zärtlichkeitsbezeugung unwillig abweist, zur Vorsicht mahnt, und das stark entwickelte Embonpoint, die auswärts gebogenen Knie und die ziemlich stark entwickelten Plattfüße ein unwillkürliches Lächeln hervorrufen.

Mit Ausnahme der auch beim Menschen völlig haarlosen Stellen ist sein Körper mit einem schönen Pelze bedeckt, dessen einzelne

Haare an den Spitzen schwarz, im Uebrigen dunkelbraun sind. An der Stelle aber, wo der gänzlich fehlende Schwanz sich ansetzen würde, findet sich ein weissbehaarter walnußgroßer Fleck.

Im Ganzen kann man ihn als indolent, faul und unliebenswürdig, bei etwas Phantasie als würdevoll, verständig und selbstbewusst bezeichnen. Hin und wieder lässt er vorwurfsvoll klagende Laute vernehmen, die im Affect in ein unangenehmes Kreischen ausarten.

Da seine Hauptbeschäftigung ein ruhiger ungestörter Schlaf ist, so sucht er mit Eifer eine einladende Ruhestätte, die er auf dem unteren Teil meines Mosquito-Netzes zu finden scheint. Leider harmonierte seine Ansicht wegen seiner Kindereigenschaften betreffs der Reinlichkeit und seines ihm eigenthümlichen penetranten Geruchs durchaus nicht mit der meinigen, zumal er sich rücksichtslos einwickelnd den Mosquitos ungehinderten Zutritt zu mir gab. Es wurde ihm nun mittels einer länglichen schmalen Kiste ein Bett eingerichtet, das mit Säcken ausgepolstert und mit einem eigenen Mosquito-Netz versehen wurde. Er merkte bald den Vortheil des neuen Hauses, legte sich in der Stellung, in der er wahrscheinlich zur Welt kam, darin nieder und entzog sich durch eine Decke dem störenden Geräusch der Aussenwelt. Nach einem beneidenswerthen Schlummer verführt ihn noch manchmal ein gleicher Appetit den verbotenen Platz aufzusuchen, entweder um mit verschränkten Armen geduldig mein Erwachen abzuwarten, oder aber sich am Bett aufrichtend mit den kleinen, zierliche Nägel aufweisenden schwarzen Fingern behutsam am Aermel zu zupfen, damit ich ihm die Thür zum Futterplatze öffne.

M'Pungu in Afrika

Das Futter selbst ist schwierig zu finden, und noch immer mühen sich die Neger des Hauses vergebens, die verschiedenen Früchte des Waldes herbeizuschaffen. Rothe am Stamm eines Baumes wachsende Trauben und etwas Ziegenmilch bilden jetzt seine einzige Nahrung. Um erstere möglichst bequem zu geniessen, holt er sich irgendwoher eine Unterlage, und sitzt dann behaglich eine Beere nach der anderen lösend und Berge von Schalen und Kernen um sich häufend. Sein Lieblingskissen ist eine Karte von Afrika, in welche die von rothem Fruchtsaft vollen Finger unbekannte Routen hineinzeichnen.

Ich suchte ihm über den Mangel an Abwechslung durch aufheiternde Musik fortzuhelfen, indem ich einer Glasharmonika die verschiedensten Töne entlockte. Er begann jedoch sofort mit den Augen zu blinzeln, zu gähnen und endlich unverkennbar zu schlafen. Nachdem ich diese Wirkung mehrfach erzielt hatte, stand ich davon ab und versuchte, ob er seiner eigenen Person Interesse abgewinnen würde, indem ich ihm einen Spiegel vorhielt. Er nahm aber gar keine Notiz von sich, ebensowenig von einer munteren Meerkatze, die ich ihm zur Gespielin gab.

Der einzige, zu dem er sich hingezogen fühlt, bin ich selbst. Zu mir nimmt er seine Zuflucht, wenn ihm etwas Furcht einflößt, was bei seinem schreckhaften Gemüth leicht geschieht. Selbst das Fallen der Regentropfen auf das Dach oder ein entsprungener ihm Besuch abstattender anderer Affe des Hauses lassen ihn schreiend auf allen Vieren mit eingeschlagenen Fingern und Zehen zu mir eilen, meine Beine umklammern und emporlangen, um auf den Arm genommen zu werden. Das gelingt ihm jedoch nicht mehr, nachdem er bei mitleidsvollem Gewähren zweimal nicht wieder herunter wollte und sich fest zu beissen versuchte. Trotzdem leben wir in völliger Eintracht und wenn er an Verstand und Körperkraft zunehmend sich an gemischte Kost gewöhnt, steht zu hoffen, dass er nächsten Sommer die Ueberfahrt nach Europa antreten kann.«[16]

Unendliche Schwierigkeiten

Der Brief Falkensteins weist – wie schon erwähnt – einige Lücken auf. So fehlt jeder Hinweis auf die Herkunft M'Pungus, der von einem einheimischen Jäger aus dem Hinterland nach Ponta Negra gebracht und an den Portugiesen verkauft worden ist. Wie aus einer späteren Mitteilung hervorgeht, hat man den Gorilla hier an eine Brückenwaage gebunden, wo er zwischen Leben und Tod dahindämmert. Zu schwach, um nach den angebotenen Früchten zu greifen, bietet das Tier einen »elenden Eindruck« und wäre »mit Sicherheit in den nächsten Tagen gestorben«. Auch aus diesem Grund beeilt sich sein neuer Besitzer mit ersten Fotografien. Sie entstehen kurz nach der Rückkehr in die Forschungsstation und

In Chinchoxo, 1876

sind die frühesten Aufnahmen eines lebenden Gorillas, die wir kennen.[17]

Falkensteins Hoffnung, das etwa fünfzehn Monate alte Männchen irgendwann nach Europa mitnehmen zu können, lässt zudem nichts von den Schwierigkeiten ahnen, die ihm und den Mitgliedern der Expedition auf diesem Weg noch bevorstehen. Denn schon im Dezember erkrankt M'Pungu zum ersten Mal, ohne dass die genaue Ursache festgestellt werden kann. Noch schlimmer wird es nach dem Jahreswechsel. Erneut sind die Diagnosen widersprüchlich. Während der Arzt von einer schweren Malariainfektion ausgeht, notiert Pechuël-Loesche am 7. Februar 1876 folgendes: »Mpungu seit gestern gefährlich krank, Lungenentzündung, weint und klagt wie ein Kind. Man hat vorgestern Nacht vergessen, ihm seine warme Schlafdecke zu geben, hat sich daher erkältet. Nun wird es wohl mit unserem Liebling vorbei sein. Es ist abscheulich!«

Die Krankheit, die sich fünf bis sechs Wochen hinzieht und mit heftigen Krämpfen einhergeht, hält die ganze Station in Atem. Der Gorilla wird ganz wie ein Kind mit Chinin und Camoel behandelt, täglich gewaschen und mit Salben eingerieben. Als sein Gewimmer gar nicht mehr enden will, nimmt ihn Falkenstein zehn Nächte lang mit ins Bett. Erst im März bessert sich das Befinden des Affen, erhält der mittlerweile »ganz steife Körper« die alte Beweglichkeit langsam zurück. »Jetzt fühlen wir erst, wie lieb wir das Thier haben; wir pflegen ihn mit größter Sorgfalt, wenn wir ihn nur erhalten können«, heißt es dazu bei Pechuël-Loesche, der nach Falkenstein die wichtigste Bezugsperson des Gorillas ist.

Im Unterschied zu allen anderen Tieren verbringt M'Pungu seine Nächte nicht auf dem Hof oder im Affenhaus, sondern im Zimmer von Falkenstein, wo er in der erwähnten Kiste schläft. Ansonsten wird er ganz wie ein Hausgenosse behandelt, sitzt mit den Männern

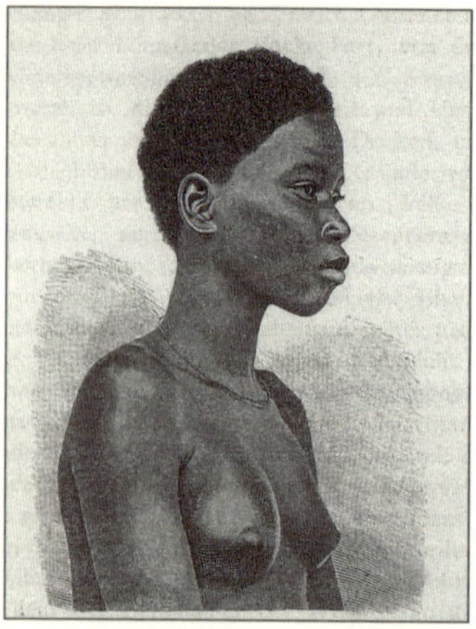

Mädchen, Loangoküste

am Tisch und gewöhnt sich so an menschliche Nahrung. Zudem frisst er Bananen, Orangen, Mangos und vor allem die eierförmigen Beeren der Senegalesischen Annone, einer Frucht, die ähnlich wie Ananas schmeckt. Zu den Bewunderern M'Pungus zählen auch die Einheimischen in den umliegenden Dörfern, die den Gorilla zuweilen besuchen kommen. Ein Mädchen aus der unmittelbaren Nachbarschaft der Station erscheint dagegen fast täglich. Eduard Pechuël-Loesche, der von allen Expeditionsteilnehmern die besten Kontakte zu den Afrikanern unterhält, erinnert sich noch nach Jahrzehnten an diese besondere Beziehung. »Unser Gorilla«, so der Geograph in seinem erst 1907 erschienenen Loango-Buch, »hatte ein liebenswürdiges, unvergleichlich anmutiges Mädchen in sein Herz geschlossen. Es hieß Nkāmbisi, und besaß in hohem Grade, was wir sonnige Heiterkeit und vornehme Gelassenheit nennen. Der Gorilla war, wie bei Tieren manchmal zu beobachten, von ihren Bewegungen und namentlich von ihrer Stimme förmlich bezaubert. Und in der Tat hatte Nkāmbisi auch ein Organ von seltenem Wohllaute, dabei so biegsam und ausdrucksfähig, dass sich ihr Sprechen wie Musik anhörte. Als der Gorilla schwer erkrankt war, besuchte sie ihn und gab sich viel mit ihm ab wie mit einem leidenden Kinde, pflegte ihn und hielt ihm lange, drollige Reden, dass er nicht mehr im Hofe herumspiele, nicht mehr die Marktkörbe der Hökerinnen untersuchte und seinen Vätern, damit meinte sie uns, so viel Sorge bereitete.«

Da die meisten Expeditionsteilnehmer über M'Pungu berichten, sind wir auch über andere Details seines Aufenthalts informiert. Die verstohlenen Beutezüge des Affen, seine Vorliebe für Zucker und süßen Tee, seine Spiele mit der Mangabe Mohr und die Kontakte zu der Schimpansin Pauline, all das erfahren wir aus verschiedenen Quellen. Der Affe kann sich frei auf dem Stationsgelände bewegen, wo sich immer neue »Abenteuer« ergeben. Da verschwindet er kurzerhand in einem angrenzenden Feld, so dass nur noch die Halme des Getreides seinen Aufenthalt verraten, dort fällt er von einem zum Glück nicht sehr hohen Baum oder trommelt auf einem

Affenbrotbaum in der Nähe der Forschungsstation, 1875

umgestürzten Eimer die Nachbarschaft zusammen. Es sind diese alltäglichen, von den Autoren so gern geschilderten Geschichten, die eines verdeutlichen: M'Pungu hat sich an die Umstände in Chinchoxo gewöhnt. Herausgerissen aus seiner natürlichen Umgebung, ist der Gorilla »auf den Menschen geprägt«. Gute Voraussetzungen also, die Überfahrt nach Europa zu wagen, die seit längerem feststeht und die trotzdem einen bitteren Beigeschmack trägt. Denn einen triumphalen Empfang dürfen die Männer in Deutschland nicht erwarten. Gilt doch die mit so viel Hoffnung gestartete Expedition nun offiziell als gescheitert. Gescheitert an der Ungunst der Verhältnisse und den unüberwindlichen Schwierigkeiten der Trägerfrage, gescheitert auch an der Ungeduld in der Heimat und an der Frage der Finanzierung. Umso wichtiger ist da M'Pungu, die »wertvollste Eroberung« dieses Pionierunternehmens der deutschen Afrikaforschung. Ausgezogen, um einen Kontinent zu durchmessen, bleibt den Männern am Ende ihrer Reise ein kleiner Gorilla, um all ihre Mühe unter Beweis zu stellen und die Aufmerksamkeit noch einmal auf sich zu ziehen.

Auf dem Postschiff

Die Nachricht vom Abbruch der Expedition hat bei den Betroffenen für düstere Stimmung gesorgt. Trotz aller Entbehrungen fühlen sich die Forscher aus der Arbeit herausgerissen, ist ihnen ihre afrikanische Station ans Herz gewachsen. Entsprechend wehmütig fällt dann der Abschied aus, der sich tagelang hinzieht. Alles muss zusammengepackt oder an Ort und Stelle verkauft werden. Und doch hat sich viel neues Gepäck angesammelt. Neben den wissenschaftlichen Instrumenten, den Präparaten und persönlichen Gegenständen geht eine kleine Menagerie auf Reisen. Die Affen und die Schildkröten, die Waldantilope und die Schimpansen kommen in vergitterte Transportkisten, während M'Pungu bei Julius Falkenstein bleibt. In Landana, dem nächstgelegenen Ort, gibt der Agent der holländischen Handelsstation ein Abschiedsmahl. Am 5. Mai 1876 wird die Fracht von hier aus in Boote geladen und zu dem vor der Küste wartenden Postschiff gebracht. Schon diese Überfahrten sind aufgrund der Brandung nicht ohne Risiken. »Das letzte Boot«, so Herman Soyaux, »bestiegen wir selbst. Am Ufer standen unsere weißen Freunde und die aus Lusala und anderen benachbarten Dörfern herbeigeströmten Neger und winkten uns zu. Tücher wehten, Fahnen flatterten, Böllerschüsse dröhnten... Es war 11 Uhr vormittags, als wir an Bord kamen, und kurz nachher klirrte der Anker ruckweise aus der Tiefe herauf.«

Das Schiff, das die vier Männer und ihr Gepäck nach Europa bringen soll, heißt Loanda und gehört wie auf der Hinfahrt der »British and African Steam Ship Company«. Es handelt sich um einen 1870 gebauten Dampfer von fünfundachtzig Metern Länge und zehn Metern Breite, dessen Geschwindigkeit bei etwa zehn Knoten pro Stunde liegt. Obwohl die Loanda auch Post transportiert, dient sie hauptsächlich der Beförderung von Palmöl und anderen Waren. Für Passagiere gibt es nur eine kleine Zahl von Kabinen, so dass kurzzeitig mitreisende Händler oftmals im Freien schlafen. Julius Falkenstein, Eduard Pechuël-Loesche, Herman Soyaux und Otto Lindner richten sich dagegen auf eine wochenlange Passage ein. Die Gepäckstücke werden verstaut, die persönlichen Sachen ausgepackt und die Tiere im Zwischendeck versorgt. M'Pungu zählt unter Falkensteins Obhut zu den Kajütenpassagieren, und der zahme Streifenschakal erhält ein Lager in der Kabine des Kapitäns. Die Schützlinge der Deutschen sind bei weitem nicht die einzigen Tiere an Bord. So müssen sich die zugestiegenen Männer zunächst an den Lärm von Hunderten Graupapageien und anderen Vögeln auf dem Achterdeck des Schiffes gewöhnen. Sie gehören den Matrosen, die sie in den afrikanischen Häfen erworben haben. Gleich zahlreichen Affen und Meerkatzen, Schuppentieren und Stachelschweinen, Mangusten und Palmenhörnchen werden sie nach der Rückkehr verkauft und bessern so die Kasse der Seeleute auf. Obwohl dieser Handel durch die Reederei untersagt ist, gönnt der Kapitän seiner Mannschaft das Geschäft, solange es keine Auswirkungen auf die tägliche Arbeit hat.

Der Kapitän der Loanda, James Clancy, erweist sich auch für die heimkehrenden Afrikaforscher als Glücksfall. Umgänglich und freundlich lässt er sich auf ihre Wünsche ein und behandelte M'Pungu mit großer Rücksicht. Auf seinen Befehl hin werden alle Gegenstände, durch die sich der Gorilla an Bord verletzen kann, überprüft und befestigt, kümmern sich die Stewarts und Küchenjungen um die Bedürfnisse des kostbaren Passagiers. Der kleine Menschenaffe darf im Salon des Schiffes am Dinner teilnehmen und sich frei auf dem Deck bewegen. Hier erhält er ein »starkes

Tau zu Turnübungen« und ein Flaggentuch »zum Schutz gegen die Nordbrise«. Um ihn daran zu hindern, allzu neugierig über Bord zu schauen, hat Falkenstein ihn einige Minuten über die Reling gehalten, eine Lektion, die Wunder bewirkt. Da auch die anderen Affen der Expedition von Zeit zu Zeit aus ihren Kisten geholt und an die Wanten des Schiffes gebunden werden, gleicht der Dampfer mitunter einer schwimmenden Primatenstation.

Wie alle Postschiffe der beiden englischen Linien, die von Liverpool nach West- und Zentralafrika verkehren, fährt die Loanda rund ein Dutzend Häfen an, wartet sie bei zu schwerer Brandung tagelang, um Ladung an Bord nehmen zu können. Das verzögert zwar die Reise, macht sie andererseits aber auch interessant. In seinen »Erlebnissen und Beobachtungen« hat Herman Soyaux die Fahrt an der afrikanischen Westküste beschrieben und über viele Seiten ein farbenprächtiges Bild entworfen. Immer wieder ist es M'Pungu, der dabei die größte Aufmerksamkeit erregt. In Calabar, im heutigen Nigeria, verlässt die Mannschaft mit dem Gorilla sogar den Dampfer, um hier auf einem der Hulks, einem Wohnschiff der Europäer, an einer Feier teilzunehmen. Glaubt man den Berichten, dann fühlt sich der Schützling Falkensteins während der Reise außerordentlich wohl, gibt er unaufgefordert die besten Vorstellungen, wenn die meisten Gäste versammelt sind.

Nachdem die Reisenden die Kanarischen Inseln passiert haben, wird es langsam kühler. Im Gegensatz zu den anderen Affen macht M'Pungu das scheinbar wenig zu schaffen. Unverändert in seinem Befinden, bewegt er sich über das Deck, unterhält er die auf Gran Canaria zugestiegenen Passagiere, darunter fünf Kinder, mit unerwarteten Späßen. »Alles beim Alten! Gorilla übersteht die klimatischen Änderungen sehr gut, ist ganz toll vor Übermuth«, notiert Eduard Pechuël-Loesche am 9. Juni in sein Tagebuch. Elf Tage später beendet er seine Aufzeichnungen mit den Stichpunkten: »Heute Morgen Küste in Sicht; sehr kalt; Wind scharf auf Ost. Viele Möwen!«

Zurück in Europa

Am 21. Juni 1876 fährt die Loanda in die riesigen Hafenanlagen von Liverpool ein. Für die Männer der Expedition geht in diesem Moment eine strapaziöse Reise zu Ende. Noch auf dem Schiff haben sich Falkenstein und Pechuël-Loesche in langen Gesprächen über Afrika unterhalten, sind sie immer wieder auf Chinchoxo zu sprechen gekommen. Nun aber bleibt wenig Zeit, sich der Erinnerung hinzugeben. Kaum an Land müssen die Umlagerung des Gepäcks und die Versorgung der Tiere überwacht werden. In der kleinen Menagerie hat es, abgesehen von der über Bord gesprungenen Mangabe Mohr und der bereits in den ersten Tagen gestorbenen Waldantilope, keine Verluste gegeben. Auch die Graupapageien und die anderen Tiere der Matrosen werden nun aus ihren engen Verschlägen geholt. Käufer für diese Fracht müssen die Seeleute nicht lange suchen. Viele Menschen, die auf immer weniger Raum in den Städten zusammenleben, sehnen sich nach der Natur. Exotische Vögel und kleine Affen stehen hoch im Kurs, selbst wenn die Masse der tierischen Hausgenossen aus Hunden, Katzen oder Zierfischen besteht. Nie zuvor bevölkerten mehr Tiere die Wohnstuben des Bürgertums, gab es eine größere Zahl an Vereinen, die sich ihrer Zucht und Haltung verschrieben hatten.

Wie viele Deutsche, die von Liverpool aus in die Welt fahren oder im Hafen ankommen, nehmen die Rückkehrer in Eberle's Alexandra Hotel Quartier. Die Unterkunft in der Nähe des Bahnhofs

Panorama von Liverpool, um 1850

gilt als preiswert und die deutschsprachige Bedienung erleichtert die Orientierung. Am nächsten Tag veröffentlicht der »Liverpool Mercury« die Passagierliste der Loanda. Dass am Ende der kurzen Aufzählung ein kleiner Gorilla erwähnt wird, kann von den Lesern schnell übersehen werden. Allerdings hat sich die Ankunft M'Pungus zu diesem Zeitpunkt bereits herumgesprochen. Und mit jeder Stunde, die der Affe in der englischen Hafenstadt verbringt, scheint das Interesse an ihm zu wachsen. »Die ganze ungeheure Stadt war in Aufregung. An den Fenstern unseres Hotels wogten schwarze Massen auf und ab, während die besser Situierten, darunter die Spitzen der Stadt und die ersten Gelehrten, uns persönlich ihre Aufwartung machten und der greise Darwin brieflich seinen Glückwunsch übermittelte«, erinnert sich Falkenstein Wochen später.[18] Ob der ansonsten eher nüchterne und pragmatische Arzt hier von den eigenen Emotionen überwältigt wird, wissen wir nicht. Auf alle Fälle erscheinen nach der Ankunft des Schiffes eine Reihe weiterer Artikel, publizieren der »Hampshire Telegraph«, die »Liverpool Post« und andere Zeitungen kleinere Berichte. In der »London Times«, einem der wichtigsten Blätter des Landes, meldet sich Thomas J. Moore, der Kurator des Liverpool Free Public Museum, zu Wort. Auf seine Bitte hin hat man M'Pungu in das Museumsgebäude gebracht, wo er einem ausgestopften Gorilla gegenübergestellt wird. Zur Enttäuschung der Wissenschaftler verläuft die Begegnung ohne Ergebnis, lässt sich M'Pungu zu keinerlei Emotionen hinreißen. Stattdessen turnt er zwischen den Beinen von Falkenstein herum und treibt seinen Schabernack mit den Anwesenden.

»Das Tier«, so der Korrespondent des »Liverpool Mercury« am 24. Juni, »hat einen großen Kopf, eine massive Brust und sehr kräftig geformte Glieder. Es ist eine verspielte Kreatur und einem Kind, in der Art wie es seine Betreuer liebkost, höchst ähnlich. Es scheint sich sehr eng an Dr. Falkenstein angeschlossen zu haben. Es klettert rund um seine Knie bis es die Arme erreicht und umschlingt ihn dann, indem es sich aufrichtet, um Hals und Hüfte... Manchmal wirft es sich, im offensichtlichen Versuch zu beißen, um die Beine von jemanden, was furchteinflößend aussieht und geschickt angestellt wird. Aber nach einem sanften Klaps öffnet es seinen Griff und alles scheint nur ein Spaß dieser Kreatur zu sein. Es ist nicht gern allein, und wenn es in einem Raum allein gelassen wird,

Free Public Museum in Liverpool, um 1860

macht es viel Lärm, bis man es freilässt. Seine Hauptnahrung ist Reis und Milch, aber es lehnt eine gute Scheibe Roastbeef nicht ab. Es kann aufrecht gehen, doch wenn es schneller vorankommen möchte, geht es in einer Art von seitlicher Bewegung auf beiden Händen und Füßen, ähnlich wie es ein Mensch tun würde, ginge er auf allen Vieren. Seine Augen, welche dunkel und glänzend sind, haben ein listiges Funkeln und wenn das Tier spielt, wird deutlich, dass es jede Bewegung, durch die Art wie es plötzlich seine Position verschiebt, aufmerksam beobachtet. Seine Nase ist breit, die Nasenlöcher sind weit und das Maul ist groß. Ist es zufrieden, gibt es ein eigenartiges Grunzen von sich…«

Auch die anderen Beobachter zeigen sich beeindruckt und prophezeien dem Falkensteinschen Gorilla »weltweite Aufmerksamkeit«. Der Affe sei nicht nur »von großem wissenschaftlichen Interesse«, sondern beweise auch ein höchst einnehmendes Wesen, schreibt der Reporter der »London Times«. Und während die britischen Zeitungen noch die bevorstehende Abreise des »seltenen Anthropoiden« bedauern, machen sich die Mitglieder der Expedition bereits auf den Weg in die Heimat. Nach vier Tagen verlassen sie Liverpool, erhält M'Pungu eine Eisenbahnfreifahrt in die Hafenstadt Hull, wo der Dampfer nach Deutschland schon an der Kaimauer liegt.

In der Hansestadt Hamburg hat sich zwei Tage später eine illustre Gesellschaft versammelt. Geographen und Zoologen, Journalisten und Neugierige – sie alle warten hier auf die heimkehrenden Afrikaforscher. Otto Hermes, der Direktor des Aquariums »Unter den Linden«, und Heinrich Bodinus, sein Kollege vom Zoologischen Garten, sind eigens aus Berlin angereist. Auch der Leipziger Tiermaler und Schriftsteller Heinrich Leutemann will sich die Ankunft des Gorillas nicht entgehen lassen. Am 27. Juni besucht er das Hotel Zingg's, in dem die Reisenden am Abend zuvor Quartier bezogen haben. Bei seinem Erscheinen turnt M'Pungu auf den ungedeckten Tafeln im Speisezimmer herum und muss unter den Blicken von Hunderten Besuchern mehrfach »zur Ordnung gerufen werden«. Doch die eigentlichen Auseinandersetzungen dieser Tage finden hinter den Kulissen statt. Denn die Frage, wo der Menschenaffe in Zukunft zur Schau gestellt werden soll, ist noch lange nicht entschieden. Fest steht nur, dass er aus »Gründen der nationalen Räson« in Berlin gezeigt werden soll. Von einer regelrechten »Gorillaschlacht« berichtet Heinrich Leutemann am 12. Juli 1876 im »Leipziger Tageblatt«. »Hie Aquarium, hie Zoologischer Garten, so lautet das Feldgeschrei«, heißt es in seinem Artikel über die Ereignisse dieser Tage.

Dabei geht es auch um juristische Fragen. Von Rechts wegen gehört M'Pungu der Deutschen Gesellschaft zur Erforschung Äquatorial-Afrikas. Wie fast alles, was die Reisenden unterwegs erworben haben, ist er automatisch in ihren Besitz übergegangen. So kann Falkenstein zwar mitdiskutieren, muss das letzte Wort aber anderen überlassen. Bei der Entscheidung über das weitere Schicksal des Tieres sind zudem hohe Summen im Spiel. Schon in Liverpool hat ein Geschäftsmann sechshundert Pfund für den Gorilla geboten und auch in Hamburg gibt es Begehrlichkeiten. Mit zwanzigtausend Mark unterbreitet der Tierhändler Carl Hagenbeck noch im Hotel Zingg's ein erstaunliches Angebot. Nie zuvor ist für einen Menschenaffen ein ähnlicher Preis bezahlt worden. Junge Schimpansen zum Beispiel kosten selten mehr als eintausendzweihundert Mark,[19] was in etwa dem damaligen Jahreseinkommen eines Maurers entspricht. Obwohl Otto Hermes mit Hagenbeck gleichzieht und das Angebot erhöht, kann man sich in Hamburg nicht einigen.

Panorama Hamburger Hafen, 1882

Nur einstweilen und bis zur endgültigen Entscheidung eines Vormundschaftsrates soll M'Pungu an das Berliner Aquarium übergeben werden.

Unter den genannten Bedingungen, den intensiven Gesprächen und heimlichen Winkelzügen, gerät der Aufenthalt in der Hansestadt beinah zur Nebensache. Dabei hat man hier für einen würdigen Empfang der Expeditionsmitglieder gesorgt. Als sich Julius Falkenstein und Eduard Pechuël-Loesche im Naturwissenschaftlichen Verein der Stadt vorstellen, erheben sich die Anwesenden zur Ehre der Heimkehrer von den Sitzen. Und einmal mehr sind alle Blicke auf den Gorilla gerichtet. Das bleibt auch so, als Pechuël-Loesche über den Aufenthalt an der afrikanischen Westküste spricht und in »lebhaften Bildern die Lebensgeschichte eines Loangonegers von der Geburt bis zum Grabe« schildert. Nach dem Vortrag, über den noch am nächsten Tag eine Besprechung im »Hamburgischen Correspondent« erscheint, beginnen die Reisenden ein weiteres Mal zu packen und verabschieden sich voneinander. Während Otto Lindner vorerst in Hamburg bleibt, steigt Julius Falkenstein in den Zug nach Berlin, wo er am 30. Juni 1876, gegen 18 Uhr 45, ankommt.

Die große Halle des Lehrter Bahnhofs bietet nun die Kulisse für eine unerwartete Szene. Denn statt M'Pungu an Gustav Nachtigal, den berühmten Afrikaforscher und neuen Vorsitzenden der

Gustav Nachtigal

Gesellschaft zu übergeben, weigert sich Falkenstein, seinen Liebling herauszurücken. Überrascht und verärgert, versucht Nachtigal Haltung zu wahren. Statt der berührenden Bilder, die die Journalisten erwartet haben, gibt es eine lautstarke Auseinandersetzung. Der Gorilla – so Falkensteins Argumentation – sei durch die Aufregungen der letzten Tage erschöpft, weshalb ihm eine plötzliche Veränderung schaden könne. Die Übergabe müsse daher hinausgeschoben werden. Am Ende bleibt Otto Hermes nichts anderes übrig, als den neuen Star des Aquariums ziehen zu lassen. Wie mehrere Zeitungen berichten, übernachtet der Arzt im Hotel de Magdebourg, wo M'Pungu noch bis in die Abendstunden für Aufsehen sorgt. Da die Tagebücher Falkensteins verschollen sind, wissen wir nicht genau, warum er sich so verhält. War es die Enttäuschung über den verordneten Abbruch der Expedition, die sich nun ihren Weg bahnt oder geht es ihm allein um die Gesundheit seines afrikanischen Reisegefährten? Der Menschenaffe, soviel scheint klar, ist es gewohnt, sich an frischer Luft zu bewegen. Jede Verschlechterung dieser Umstände kann gefährliche Folgen haben. Erst am nächsten Nachmittag besteigt Falkenstein eine Droschke und bringt den Gorilla in das Aquarium »Unter den Linden«.

Auch über die weiteren Verhandlungen gibt es nur Mutmaßungen. Immerhin scheinen die Gespräche Gustav Nachtigal so in Anspruch genommen zu haben, dass er kaum Zeit für anderes findet: »Wenn Sie, wie ich, zwei Gorilla-Wochen mit allen ihren Aufregungs-Unannehmlichkeiten, ihrem Hoffen und Fürchten durchlebt hätten«, so der Afrikaforscher in einem Brief vom 9. Juli, »dann würden Sie … Jedermann Verzeihung angedeihen lassen, der sich Ihnen gegenüber einer Pflichtvergessenheit schuldig gemacht hätte... Heute vor 14 Tagen, trat das erhabene Geschöpf nach Vollendung seiner Seereise von Liverpool aus den Weg in seine neue Heimath an, heute sind es 10 Tage, daß es auf dem Lehrter Bahnhof eintraf und erst gestern habe ich den Contract unterzeichnet, der unseren kostbaren Vetter definitiv dem Aquarium überweist, unter der Bedingung, ihm ein neues luftiges Lokal zu erbauen, ihm

Lehrter Bahnhof in Berlin, 1879

einen ständigen Gesellschafter zu überweisen und den Anordnungen des Vormundschaftsraths in seiner Pflege und Erziehung stets Folge leisten zu wollen. Doch durch welche Kämpfe und Schwierigkeiten sind wir zu diesem Ziele gelangt! Erst hatte man dieses erste Exemplar seiner Spezies heimlich für 600 £ in England, dann für 20 000 Mark listig in Hamburg verkaufen wollen, dann verweigerte sich Dr. Falkenstein, ihn auszuliefern, da er eigentlich der Ansicht war, wir hätten die Absicht, ihn durch die Überlieferung an das Aquarium zu tödten...«[20]

Das an eine unbekannte Dame gerichtete Schreiben beweist zweierlei. Zum einen hat die Afrikanische Gesellschaft dafür gesorgt, dass M'Pungu ein Vormundschaftsrat zur Seite gestellt wird, dessen Anweisungen niemand so leicht ignorieren kann. Mit Rudolf Virchow, Christian Gerlach und Robert Hartmann ist diese Runde prominent besetzt, und auch Julius Falkenstein und ein weiterer Arzt gehören ihr an. Zum anderen enthält der mit dem Aquarium geschlossene Vertrag konkrete Vereinbarungen, die es nun umzusetzen gilt. Falkenstein selbst hilft zunächst bei der Eingewöhnung des Affen. Viel Zeit bleibt ihm für diese Aufgabe nicht, da er bald zum Dienst in die preußische Festung Graudenz befohlen wird. Obwohl der Militärarzt M'Pungu hin und wieder besucht, übernehmen jetzt andere die Verantwortung. Fortan muss sich der Gorilla an Otto Hermes und die Bedingungen im Aquarium gewöhnen. Dass er darüber hinaus zwei eigene Betreuer erhält, die sich Tag und Nacht um ihn kümmern, ist Teil des Vertrags und mag Julius Falkenstein den Abschied erleichtert haben.

Bildung durch Anschauung

Das Gebäude, in dem M'Pungu nun untergebracht wird, wirkt von außen wenig spektakulär. Wer nicht weiß, was sich hinter der Fassade verbirgt, kann es schnell übersehen. Dabei ist das Aquarium »Unter den Linden« die ungewöhnlichste Inszenierung, die Berlin damals zu bieten hat. Ein Werk der Phantastik und doch aus Stein modelliert. Auf nur zwei Etagen empfängt die Besucher eine Welt voller Grotten und Felsen, Gewölbe und eisengewebter Spinnennetze. Da lockt ein Schlangengang, dort stürzt ein Wasserfall in die Tiefe und ganz im Zentrum des Ganzen liegt eine feenhafte Voliere, erfüllt vom Gezwitscher Hunderter Vögel. Im Halbdunkel absolvieren die Schaulustigen den dreihundert Meter langen Weg durch die Anlage, vorbei an großen Wasserbassins und rund einhundert Behältern und Käfigen. Kein Wunder, dass sich manche Besucher an ein Märchen erinnert fühlen, während andere an ein Bergwerk und den Eingang zur Unterwelt denken. Und doch ist dieser Aufwand mehr als der Versuch, den Betrachter zu beeindrucken, gibt es hinter der steinernen Pracht ein genaues Kalkül. Die Schöpfer des Aquariums, der Zoologe Alfred Brehm und der

Architekt Wilhelm Lüer, wollen belehren und durch Anschauung Wissen vermitteln. Dass sie sich dabei einer so gewagten Kulisse bedienen, entspricht nicht nur den Wünschen des Publikums. Wie in seinem »Illustrirten Thierleben«, das in der zweiten Auflage zu einem siebzehn Kilogramm schweren Zehnbänder angeschwollen ist, geht Brehm auch mit dem Aquarium aufs Ganze. Die Vielfalt der Welt soll in diesem Gebäude zu Wort kommen und auf wenigen Quadratmetern zur Schau gestellt werden. Entsprechend anspruchsvoll ist die Grundidee, nach der Tiere und Pflanzen, Steine und geologische Formationen nebeneinander Platz finden. Der Besucher durchschreitet verschiedene Klima- und Vegetationszonen, befindet sich der Vorstellung nach mal über und mal unter dem Meere und passiert zu guter Letzt eine Nachbildung der Blauen Grotte von Capri im Maßstab von Eins zu Sechs.

Doch der Rundgang allein reicht zur Erklärung nicht aus. Ebenso wichtig für das Verständnis des Hauses ist seine Geschichte: Er-

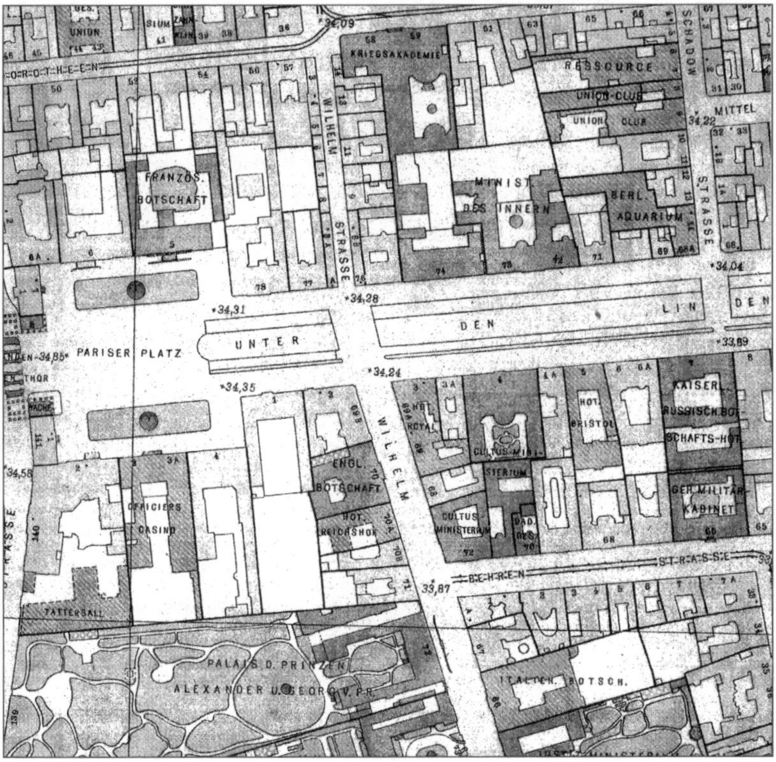

Stadtplan mit dem Berliner Aquarium, um 1878

Alfred Brehm

füllt von großen Visionen ist Brehm 1867 nach Berlin gezogen. Nicht ein Aquarium, sondern einen »Thiergarten unter einem Dach« will er hier, in der Hauptstadt des Norddeutschen Bundes, errichten. Mit einem Federstrich werden die bereits bestehenden Pläne zur Seite gewischt und neue Ideen entworfen. Die Anlage soll nunmehr auch Echsen und Schlangen, Vögel und kleinere Säugetiere beherbergen. Der Anspruch, im Binnenland Meerestiere zu präsentieren, ist andererseits aufsehenerregend genug. Ein Seewasseraquarium erfordert Sachverstand und hohe Investitionen. Vor vierzehn Jahren erst hat in London das »Fish House« eröffnet und die Menschen mit seinen farbenprächtigen Bewohnern in Erstaunen versetzt. Obwohl die kleine »Wassermenagerie« noch sehr bescheiden ist und von außen eher an ein Gewächshaus erinnert, macht das Beispiel schnell Schule. In Paris und Wien, in Brüssel und Rotterdam entstehen nach und nach ähnliche und weit spektakulärere Institute. Brehm, der als ehemaliger Zoodirektor von Hamburg über praktische Erfahrungen auf dem Gebiet der Aquarienkunde verfügt, lässt sich von diesen Vorbildern inspirieren. Unterstützt vom Gründungsausschuss und der kurz darauf ins Leben gerufenen Aktiengesellschaft plant er in Berlin »das größte und bedeutendste Aquarium der Welt«. Ein Grundstück wird gekauft und – was ebenso wichtig ist – ein anderer Architekt engagiert. Denn im Unterschied zu dem Altmeister des Aquarienbaus, dem Engländer William Lloyd, setzt Brehm auf die Inszenierung von Lebensräumen. Ein ähnliches Konzept verfolgt auch Wilhelm Lüer aus Hannover, der für den Zoologischen Garten der Stadt mehrere Anlagen und Gebäude errichtet hat. Sein für einen Geschäftsmann entworfenes Grottenaquarium fasziniert Brehm so sehr, dass er Lüer zur Mitarbeit einlädt.

Das von der Aktiengesellschaft erworbene Gelände befindet sich an der Ecke Unter den Linden/Schadowstraße. Es ist die zentrale Lage, die für den Kauf den Ausschlag gegeben hat. Kaum ein Berliner, der hier nicht vorbeischaut, kein Tourist, der sich die Prachtstraße Preußens entgehen lässt. Der Baugrund selbst, der im Fluss-

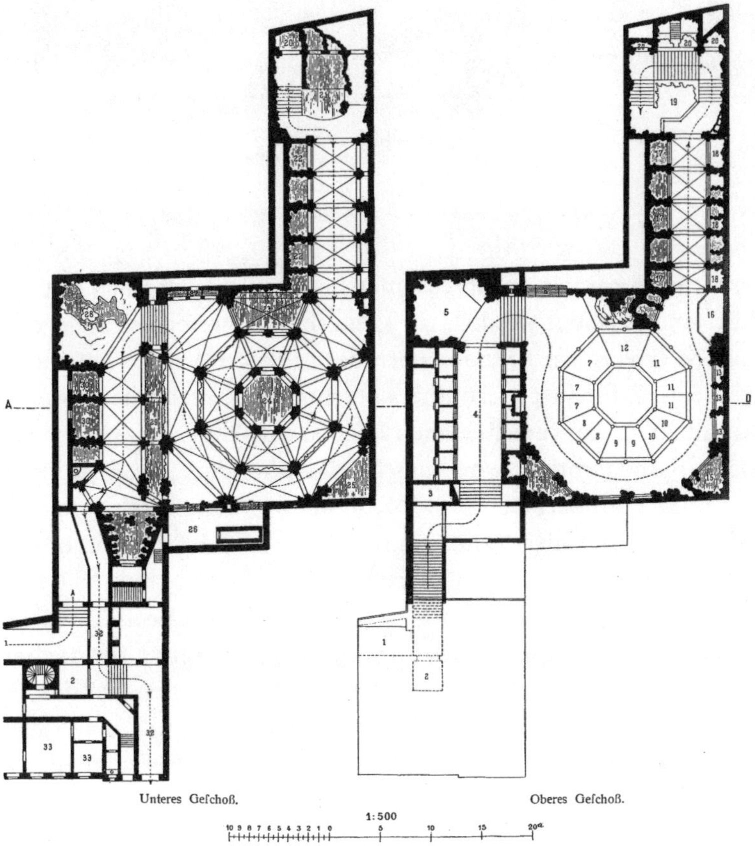

Aquarium zu Berlin.

Arch.: *Lüer.*

1. Eingang.
2. Kleiderablage.
3. Kaſſe.
4. Tropiſche Reptilien.
5. Geologiſche Grotte.
6. Rieſenſalamander.
7. Aſiatiſche Vögel.
8. Afrikaniſche Vögel.
9. Auſtraliſche Vögel.
10. Amerikaniſche Vögel.
11. Europäiſche Vögel.
12. Stelz- und Waſſervögel.
13. Kleine Schmuckvögel.
14. Kaimans und Krokodile.
15. Schildkröten.
16. Affen.
17. Süßwaſſerfiſche.
18. Waſſervögel.
19. Treppe.
20. Künſtliche Fiſchzucht.
21. Biber.
22. Nordſeebecken.
23. Oſtſeebecken.
24. Atlantiſches Becken.
25. Meerſchildkröten.
26. Keſſel und Maſchinen.
27. Baſaltgrotte.
28. Geologiſche Grotte.
29. Tropfſteinbecken.
30. Mittelmeerbecken.
31. Blaue Grotte.
32. Ausgang.
33. Reſtauration.

Querschnitt des Berliner Aquariumbaus, 1869

bett eines ehemaligen Spreearmes liegt, muss allerdings mit viel Aufwand befestigt werden. Im Hinterhof mehrerer Gebäude gelegen, ist er von den Brandmauern der umliegenden Häuser umgeben. Sein Z-förmiger Grundriss bestimmt nunmehr die Pläne des Architekten. Auf verschiedenen Ebenen entsteht ein Labyrinth von Gängen und Grotten, werden mehr als einhundert Wagenladungen mit je zweihundert Zentnern Naturstein verbaut. Granit und Basalt, Quarz und Jura-Kalk, Grauwacke und Schiefer, Marmor und Findlingsblöcke ... aus ganz Deutschland rollen die Fuhren heran. Auch die technischen Details des Gebäudes sind beeindruckend. Da es noch kein elektrisches Stromnetz gibt, hat man für die Terrarientiere und Vögel das obere Geschoss vorgesehen, wo das Tageslicht durch ein Glasdach dringt. Lichtschächte und eine starke Glasplatte, die den Mittelraum der großen Voliere verschließt, ermöglichen auch in den darunter liegenden Räumen eine natürliche Beleuchtung. Hier im eigentlichen Aquariumsbereich mit seinen Salzwasserbehältern existieren keine Fenster, weshalb in den Besuchergängen zusätzlich Gaslampen flackern. Die Heizung des Gebäudes erfolgt über ein Heißwasser-Röhrensystem, das auch den Sandboden der Terrarien erwärmt. Für den Luftaustausch sorgen ein Ventilator und die geöffneten Luken im Dachgeschoss. Im Keller, der für die Besucher gesperrt ist, befindet sich das Reservoir mit dem Meereswasser. Um die Algenbildung zu unterdrücken, lagert

Der Raum mit der großen Vogelvoliere, 1869

das Wasser zunächst vierundzwanzig Stunden ohne Luftzufuhr und in völliger Dunkelheit. Dann wird es von einer Dampfmaschine mit 8 PS in drei Hochbassins gepumpt, von wo aus es durch ein verzweigtes Röhrensystem zu den Schaubecken fließt.

Wie Alfred Brehm berichtet, werden in dem Gebäude so viele Rohre verlegt, dass ihre Gesamtlänge eine Leitung von mehr als drei Kilometern ergeben hätte. Die Dampfmaschine der Firma Borsig, die zahlreichen Eisenkonstruktionen, das Heiz- und Belüftungssystem – all das entspricht den Standards der Zeit und übertrifft sie sogar. Die gotisierenden Bauelemente, für die Wilhelm Lüer eine Vorliebe hat, verleihen dem Aquarium zugleich einen seltsam entrückten Zug. So verfügt die mit Draht und Klaviersaiten bespannte Voliere im Zentrum des Rundgangs über eiserne Säulen, die durch Spitzbögen miteinander verbunden sind. Der Besucher soll den Raum als einen »architektonischen Urwald« empfinden, in dem man ins Staunen und Nachdenken kommt.

Das Interesse an solchen Attraktionen ist ungebrochen. In Dutzenden Zeitschriften und noch mehr Vereinen diskutieren Laien und Hochschulprofessoren über Naturphänomene und die neuesten Erkenntnisse auf wissenschaftlichem Gebiet. Exkursionen und Vorträge, Ausstellungen oder Versammlungen zu biologischen oder zoologischen Themen sind an der Tagesordnung. Nicht ohne Grund gilt vielen Autoren die »allgemeine Theilnahme der Menschen an

Das Wohn- und Verwaltungsgebäude des Berliner Aquariums, um 1875

den Ergebnissen der Wissenschaft« als ein wichtiges Merkmal der Zeit. Mit Optimismus und im festen Vertrauen auf die Zukunft schaut man in diesem Jahrhundert nach vorn. Brehm, der selbst zu den bedeutendsten Schriftstellern der populären Wissensvermittlung zählt, hat das früh erkannt und sich mit seinen Projekten darauf eingestellt.

Zwei Direktoren

Zum Besitz der Aktiengesellschaft gehört auch ein Eckhaus zur Straße, das in späteren Jahren als Hotel dient. Hier – in den Räumen der Direktion – werden viele der für das Aquarium angelieferten Tiere vorerst untergebracht. Im August 1868, elf Monate nach der Grundsteinlegung, findet das Richtfest statt. Und je mehr Nachrichten nach außen dringen, desto neugieriger wird die Öffentlichkeit. Im Gegensatz zum Berliner Zoo, der seit Jahren als Sorgenkind gilt, scheint das neue Institut die kühnsten Hoffnungen zu bestätigen. »Dieser Thiergarten unter Dach und Fach ist als solcher der großartigste und größte, der auf der Erde exisitirt... Wenn sich Berlin eine Weltstadt nennen will, so gibt ihr das Aquarium zu dieser Benennung die Berechtigung«, schreibt die »Illustrirte Zeitung« noch vor dem Eröffnungstermin.

Als der preußische König Wilhelm I. das Gebäude am 11. Mai 1869 einweiht, erregt das weithin Aufmerksamkeit. Nicht nur das königliche Wohlwollen, auch der Besucherandrang spricht für sich. In drei Monaten zählt das Unternehmen über hunderttausend Gäste, ein Erfolg, der alle Beteiligten mit Stolz erfüllt. Trotzdem verschweigt Brehm keineswegs, dass ihm vieles noch Sorgen macht. Bereits in den ersten Wochen sind zahlreiche Scheiben gesprungen und nach wie vor klaffen im Tierbestand Lücken. Probleme bereitet vor allem das Meerwasser. Zunächst in Fässern geliefert, wird es »milchig«, so dass die Besucher in eine weiße Brühe blicken. Erst nach Monaten kann der zu Rate gezogene Chemiker Otto Hermes hier Abhilfe schaffen. Sein Verfahren zur Erzeugung von künstlichem Meerwasser ist eine weltweit beachtete Innovation. Die Schilder mit der Aufschrift »In Klärung begriffen« verschwinden, und Hermes, der vorerst auf Honorarbasis arbeitet, bleibt dem Institut eng verbunden. Im Sommer 1871 wird er stellvertretender Direktor und wie Alfred Brehm persönlich haftender Gesellschafter der Aktiengesellschaft. Inwieweit sich der Aquariumsgründer dadurch zurückgesetzt fühlt, hat schon die Zeitgenossen beschäftigt. Auf alle Fälle gibt es bald Spannungen. Brehm ist nicht der Mann, der sich in die Amtsgeschäfte hineinreden lässt. Temperamentvoll und rechthaberisch gilt er den Zeitgenossen als kompliziertér Charakter. So sehr er kühne Projekte liebt, so wenig Neigung bringt er dem täglichen Dienst entgegen. Stattdessen schreibt er an einem neuen Buch, unternimmt häufige Reisen und entwickelt weitere, noch großartigere Pläne. Verständlich, dass die Aktionäre der Gesellschaft beunruhigt sind und sie in Otto Hermes ihren Vertrauten sehen. Doch die Zusammenarbeit zwischen den beiden Männern gestaltet sich schwierig und kommt schließlich ganz zum Erliegen. Am Ende einer Fülle von Turbulenzen und gegenseitigen Anschuldigungen muss Brehm seinen Hut nehmen, wird er vom Aufsichtsrat beurlaubt und zum 1. April 1874 entlassen.

Otto Hermes

Mit Otto Hermes erhält ein Mann das Amt, der sich schnell Anerkennung verschafft. Mehr als sechsunddreißig Jahre lang führt er die Geschäfte des Unternehmens, so dass die Geschichte des Aquariums eng mit seiner Biographie verbunden ist. Als Sohn eines Gutsbesitzers in der Prignitz geboren, studiert Hermes Pharmazie und Naturwissenschaften und gründet 1864 ein eigenes Unternehmen. Seine chemische Fabrik befindet sich in der Ritterstraße, im heutigen Kreuzberg. Der promovierte Chemiker ist ein Multitalent. Er veröffentlicht Arbeiten über Schwefel- und Natriumverbindungen, interessiert sich für Zoologie und für Fischzucht und geht früh in die Politik. Als Liberaler kämpft er an vielen Fronten, gehört er dem Preußischen Landtag und dem Reichstag an.[21] Im Sommer 1876 jedoch ist das noch Zukunftsmusik, muss der Achtunddreißigjährige sich vor allem um die Geschäfte der Aktiengesellschaft kümmern.

Das Berliner Aquarium steht mit vielen Institutionen im Wettbewerb. Schon die Tatsache, dass der Zoologische Garten nach der Reichsgründung ein großes Neubauprogramm verwirklicht, bereitet Hermes Kopfzerbrechen. Andererseits wird das von ihm geleitete Unternehmen längst in jedem Reiseführer erwähnt. Mit der Idee, die Tiere nach Lebensräumen zu präsentieren, ist man der Zeit um Jahrzehnte voraus. Da das Grundstück »Unter den Linden« im Wert ständig steigt und das Wohnhaus vermietet werden kann, verfügt die Aktiengesellschaft über finanzielle Möglichkeiten, von denen manche Zoodirektoren nur träumen können. Erfolge in der Tierhaltung, bei der Nachzucht von Vögeln oder Fischen, und ein hervorragender Bestand an Echsen und Schlangen sorgen für Aufsehen und sprechen sich unter den Fachleuten herum.[22] Wirklich populär aber wird das Aquarium durch eine andere Attraktion, die Schaustellung von Menschenaffen. Dass nach der Ankunft M'Pungus gleich drei verschiedene Gattungen zu sehen sind, gilt als sensationell. »Ein Gorilla, zwei Orang-Utans und zwei Chimpansen; das ist mehr als selbst der unersättlichste Zoologe auf ein Mal vertragen kann«, lässt die Redaktion der »Natur« ihre Leser im Sommer 1876 wissen.

Orang-Utans, März 1876

Diese in der Welt einmalige Präsentation ist keineswegs geplant. Niemand hätte unter den damaligen Umständen zu hoffen gewagt, einen solchen Bestand zu erwerben. Zwar gibt es in dem Raum mit der großen Vogelvoliere von Anfang an einen Affenkäfig, doch werden hier zunächst andere Tiere gehalten. Im April 1870 trifft die Schimpansin Molly ein. Zu schwach, um sich aufzurichten, gleicht sie »einer beurlaubten Leiche« und kann dem Publikum wochenlang nicht gezeigt werden. Dass sich der erste Menschenaffe, den die Berliner in ihrer Stadt zu Gesicht bekommen, dennoch erholt, liegt an Carl Seidel, dem Futtermeister des Aquariums.[23] Tag und Nacht bleibt er an ihrer Seite und pflegt sie schließlich gesund. Erst achtzehn Monate später rafft ein »Lungenleiden« das Jungtier dahin. Nach dem Tod von Molly wird ein zweiter Schimpanse erworben, beginnt eine Tradition, die Otto Hermes rund zwanzig Jahre lang weiterführt. Der Kauf eines Menschenaffen ist zwar ein finanzielles Risiko, verspricht aber hohe Besuchereinnahmen. Außerdem lenkt er die Neugier der Öffentlichkeit auf das Unternehmen und festigt seinen Ruf in der Fachwelt. Hinzu kommt noch etwas anderes: Für jeden naturwissenschaftlich Gebildeten ist es damals ganz selbstverständlich, sich für Menschenaffen zu interessieren. Auch Hermes fährt eigens in den Dresdner Zoo, um dort die Schimpansin Mafoka zu sehen. Am 1. März 1876 gelingt dem Direktor des Aquariums dann ein Paukenschlag. Nach einer nächtlichen Reise an die Alster kauft er bei Carl Hagenbeck zwei Orang-Utans. Da es sich bei einem der Tiere um ein erwachsenes Exemplar handelt – das erste, das je in Europa gezeigt wird –, verlangt der Händler neuntausend Mark. Hermes, der sich die Summe im Nachhinein vom Aufsichtsrat bestätigen lassen muss, zögert nicht einen Moment. In Berlin angekommen, werden die Kisten von »zehn starken Männern« im Beisein einiger Journalisten ausge-

Im Aquarium, März 1876

laden. Schon in den nächsten Tagen berichten die Tageszeitungen ausführlich, kommen die Besucher in Scharen.

Die Aufmerksamkeit, die Menschenaffen in diesen Jahren erregen, schlägt sich auch in der Fachpresse nieder. So veröffentlicht der Philologe Carl Nissle in der »Zeitschrift für Ethnologie« einen Artikel über das Leben von Molly, der elf Seiten und mehrere Zeichnungen umfasst. Autoren wie der Frankfurter Zoodirektor und Tierarzt Max Schmidt beschreiben ihre Beobachtungen an Schimpansen und Orang-Utans bis ins kleinste Detail und in langen Fortsetzungsbeiträgen. Ein Blick auf diese Berichte macht eines deutlich: Ob in Frankfurt oder Dresden, in Berlin oder London – die Haltungsbedingungen der Tiere ähneln sich. M'Pungu ist somit kein Sonderfall. Auch wenn man ihn mit großem, fast unvorstellbarem Aufwand betreuen lässt, folgt das Personal einem längst erprobten Verfahren. Die Besucher können sich davon ab Juli 1876 selbst überzeugen. Denn von nun an konzentriert sich das Interesse auf den Gorilla. Er vor allem zieht die Neugierigen in seinen Bann und sorgt für das beste Geschäftsergebnis seit der Eröffnung des Unternehmens.

Alfred Brehm mit der Schimpansin Molly (Name mehrfach verwandt), 1866

Eine Sensation

»Der Gorilla ist endlich da«, »Von unserem Gorilla«, »Der Gorilla im Aquarium« – so lauten die Schlagzeilen nach der Ankunft M'Pungus. Das »Berliner Fremdenblatt« und andere Zeitungen bringen das Thema sogar auf der Titelseite. In der »Tribüne« werden zwei Artikel aus der »London Times« abgedruckt, während die »Vossische Zeitung« einen eigenen Reporter zum Empfang auf den Lehrter Bahnhof schickt. Otto Hermes, der gute Kontakte zu den Journalisten unterhält, kann zufrieden sein. Dass man den Gorilla als »seltensten und interessantesten, gewaltigsten und theuersten Affen« in der Geschichte der Zoologie beschreibt, ist ganz in seinem Interesse. Denn in den ersten Tagen zählt vor allem die Sensation. Schon der Preis für M'Pungu scheint so erstaunlich, dass ein Redakteur überschlägt, was jedes Kilogramm des Gorillas gekostet habe. Und als Carl Hagenbeck insgesamt hunderttausend Mark für die fünf Menschenaffen des Berliner Aquariums bietet, greifen die Berliner Zeitungen die Nachricht begierig auf. Der Überführung M'Pungus nach Europa wird auch deshalb Beachtung geschenkt, weil sie durch deutsche Afrikaforscher zustande kommt. Schnell ist von einem »epochemachenden Ereignis« die Rede, gerät in den Ton etwas Pathetisches.

Im Nachhinein tut es gut, bei all dem einen klaren Kopf zu behalten. Ob die »Zoodirektoren und Gelehrten aus ganz Deutschland« bereits Anfang Juli nach Berlin eilen, wissen wir ebenso wenig wie wir die Hintergründe von Hagenbecks Angebot kennen. Selbst über die Arbeit des Vormundschaftsrates, der sich um das Wohlbefinden des Affen kümmert, ist kaum etwas nach außen gedrungen. Fest steht nur, dass der Besucheransturm die Kapazität des Aquariums offensichtlich übersteigt.[24] In den täglich acht Stunden, die M'Pungu zu sehen ist, häufen sich die Beschwerden. So muss die Direktion die Neugierigen schon am 4. Juli um Verständnis bitten: Der »kostbare Affe« benötige in der Eingewöhnungszeit seine Ruhe, weshalb man nicht alle Wünsche befriedigen könne. Wer dennoch einen Blick auf ihn werfen will, braucht Geduld. Er kann aber auch vor das Wohnhaus der Aktiengesellschaft kommen. Hier nämlich, in den Räumen von Otto Hermes, ist M'Pungu in den Mittags- und Nachtstunden untergebracht. Wenn er sich dann am Abend mit ihm oder mit seinem Wärter am offenen Fenster zeigt, stockt der Straßenverkehr, muss die Polizei – wie es heißt – mehrfach »zur Ordnung mahnen«. Die ungewöhnliche Szene, die sich etwa fünf Wochen lang wiederholt, ist von dem Schriftsteller und Redakteur Paul Hirschfeld in der »Illustrirten Sonntagszeitung« beschrieben worden. »Höchst komisch war es«, so Hirschfeld, »wenn der Gorilla gegen 18 Uhr am Fenster der in der zweiten Etage gelegenen Wohnung des Direktors saß und auf das sich in reicher Menge Unter den Linden versammelte Volk herabsah. Vergnügt klatschte er den Untenstehenden zu und seine Freude erhöhte sich, wenn das Volk als Erwiderung ›Hurrah!‹ rief. Da er nicht mitrufen konnte, gab er die verschiedensten Zeichen seiner Zustimmung.«[25]

Die »menschenähnliche Art« und die Späße M'Pungus faszinieren die Zuschauer. Das Wort vom »populärsten Bewohner der deutschen Reichshauptstadt« macht die Runde. Die Journalisten beschreiben den Gorilla als »König der Affen«, und als »würdevollen Großmogul«. Im Sommer und Herbst drucken viele der deutschen Familienzeitschriften Reportagen, in denen Autoren wie Bruno Dürigen und Heinrich Leutemann über die Ereignisse im Aquarium berichten. Ganzseitige Zeichnungen mit »Gorillastudien« ergänzen die Lektüre. Noch Jahrzehnte später erinnert sich ein

Zeitzeuge an ein kinderloses Ehepaar, das »zur größten Empörung« aller Basen und Tanten, »bloß um diese Affen zu sehen!« von Süddeutschland nach Berlin gereist ist. Für die Betreiber des Aquariums zahlt sich die Schaustellung auch finanziell aus. Bereits im Juli verbucht die Direktion Mehreinnahmen von siebentausendsechshundert Mark, und gegen Ende des Jahres verzeichnet die Aktiengesellschaft mit dreihundertdreißigtausend Besuchern einen neuen Jahresrekord.[26]

Der Tagesablauf

Normalerweise wird der Gorilla nach dem Frühstück in das Aquarium gebracht und hier zur Schau gestellt. Nachmittags wiederholt sich das, wobei manche Wissenschaftler eine Privataudienz erhalten. Auch in der Wohnung des Direktors gibt es für M'Pungu einen streng geregelten Tagesplan: »Morgens um die achte Stunde«, so Otto Hermes, »erhebt sich der Gorilla von seinem Lager, setzt sich aufrecht hin, gähnt, kratzt sich an einigen Stellen seines Körpers und bleibt schlaftrunken, teilnahmslos, bis er seine Morgenmilch eingenommen hat, die er aus einem Glase zu trinken pflegt. Nunmehr, ganz ermuntert, verlässt er sein Bett, sieht sich in der Stube um, ob er für seine Zerstörungslust einen Gegenstand findet, guckt zum Fenster hinaus, fängt zu klatschen und in Ermangelung passenderer Gesellschaft mit dem Wärter zu spielen an... Um 9 Uhr wird er gewaschen, was ihm wohlgefällt. Mit grunzendem Ton gibt er seiner Freude hierüber Ausdruck. Dem Zusammenleben mit dem Wärter entsprechend, hält er seine Mahlzeiten wie dieser. Zum Frühstück erhält er ein Paar Wiener, Frankfurter oder Jauer'sche Würste oder ein mit Hamburger Rauchfleisch, Berliner Kuhkäse oder sonstwie belegtes Butterbrot. Dazu trinkt er am liebsten seine kühle Weisse; höchst originell sieht es aus,

M'Pungu in Berlin, 1876

wenn er das umfangreiche Glas mit seinen kurzen dicken Fingern anfasst, das ihm entfallen würde, wenn er nicht einen Fuss zu Hilfe nähme. Obst isst er gern und viel, von Kirschen sondert er sorgfältig die Kerne. Um 1 Uhr bringt die Frau des Wirtes ihm sein Essen... Erscheint die Frau, so untersucht er die Speisen und nascht gern von dem, was ihm am besten schmeckt. Eine Ohrfeige ist die gewöhnliche Folge seiner Naschhaftigkeit, und artig erwartet er dann, nicht einen Blick von den Speisen wendend, den Beginn der Mahlzeit. Zuerst eine Tasse Bouillon. Im Nu ist diese bis auf die Nagelprobe geleert. Dann gibt es Reis oder Gemüse, vornehmlich Kartoffeln, Mohrrüben oder Kohlrabi mit Fleisch gekocht. Die Frau hält darauf, dass er sich anständig benimmt, und er gebraucht in der That den Löffel schon mit Geschick. Sobald er sich aber unbeobachtet glaubt, fährt er mit dem Munde in die Schüssel. Zum Schluss ist ihm ein Stück eines gebratenen Huhnes am willkommensten. Er ist kein Kostverächter; was der Wächter isst, ist auch seine Speise, und an Menge gibt er diesem nicht viel nach. Ist das Essen vorüber, so will er, wie jeder Mensch, seine Ruhe haben. Ein ein- bis anderthalbstündiger Mittagsschlaf macht ihn wieder aufgelegt zu neuem Spiel. Nachmittags erhält er Obst, Abends Milch oder Thee und Butterbrot. Um 9 Uhr geht er zur Ruhe. Er liegt auf einer Matratze in eine wollene Decke eingehüllt. Der Wärter bleibt bei ihm sitzen, bis er eingeschlafen ist, was bei seinem grossen Bedürfnis nach Schlaf nicht allzu lange dauert. Lieber schläft er mit dem Wärter in einem Bette, wobei er ihn umfasst und den Kopf auf eine Stelle seines Körpers legt. Er schläft fest, die ganze Nacht hindurch und pflegt vor 8 Uhr nicht zu erwachen.«[27]

Ein eigener »Glaspalast«

In den ersten Wochen muss sich M'Pungu seinen Käfig im Aquarium noch mit Pavianen und Meerkatzen teilen. Bereits am 15. Juli informiert das »Berliner Fremdenblatt« dann über Baumaßnahmen. Tatsächlich wird in den nächsten Tagen mit Abrissarbeiten an der Felsengrotte der großen Vogelvoliere begonnen, entsteht hier eine neue Unterkunft mit eigener Heizungs- und Belüftungsanlage. Es handelt sich um einen geräumigen Käfig, der mit einem kleinen Palmenhaus verbunden ist, in dem ein Wasserspiel plätschert. Eini-

Schimpanse, Hund Flock und Orang-Utan im Berliner Aquarium, 1876

ge Wände dieser »Gorillawohnung« werden mit »Spiegelscheiben« verkleidet, weshalb die Presse etwas großspurig von einem »Glaspalast« spricht. Auch wenn der Versuch, künstliche Tropenluft zu erzeugen, die Risiken für die Gesundheit von M'Pungu eher erhöht, ist das Projekt ungewöhnlich und aufsehenerregend. Die Inneneinrichtung des Käfigs besteht aus einer Mischung von Wohnzimmer und Turnhalle. Neben einem Sofa, das bei Bedarf mit einem Vorhang verdeckt werden kann, existieren zwei Stühle und die unvermeidlichen Wolldecken. Auf Fotos und Zeichnungen lassen sich außerdem eine Leiter, zwei Kletterstangen und mehrere Seile erkennen.[28]

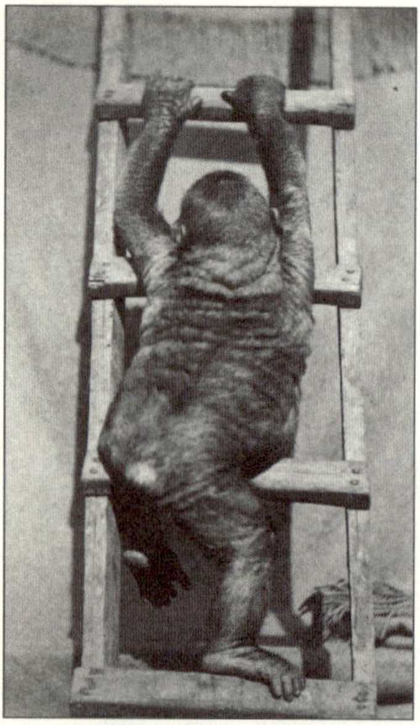

M'Pungu, 1876

Ende August sind die rund zwölftausend Mark teuren Umbauarbeiten abgeschlossen. Von nun an verbringt M'Pungu die Zeit getrennt von den übrigen Affen. Nur die Schimpansin Tschego bleibt weiterhin in seiner Gesellschaft. Dadurch soll verhindert werden, dass der Gorilla von »Heimweh und Schwermuth erfasst werde« – eine Gefahr, vor der viele Experten sehr ernsthaft warnen. Die Balgereien der Jungtiere unterhalten die Zuschauer und enden erst, als Tschego erkrankt und der Tuberkulose zum Opfer fällt. Nach einigem Hin und Her wird der Gorilla nun mit einem kleinen Hund zusammengesperrt. Flock, so der Name des Hundes, wächst im »Glaspalast« auf und nimmt – wie es heißt – bald »selbst etwas Affenartiges« an. Immer auf der Hut vor den derben Späßen M'Pungus, versteht er es blitzschnell zuzuschnappen und sich Respekt zu verschaffen.

Im Herbst geht der Andrang der Neugierigen langsam zurück. M'Pungu wird nun zum Schlafen in das Büro des Aquariums gebracht, wo er ein Zimmer mit zwei Fenstern zum Hof »bewohnt«. Vor dem Weihnachtsfest aber schmückt die Direktion den »Glaspalast« des Gorillas mit Tannenbäumen und senkt die Eintrittspreise. Drei Tage lang können die Besucher das Haus und seine Bewohner jetzt für die Hälfte des Geldes sehen. Nicht selten werden die gesparten Groschen gleich wieder ausgegeben und »Aquariumführer« oder Fotografien gekauft. Allein aus der Berliner Zeit des Gorillas existieren vier bis sechs Aufnahmen, die fast alle von Adolf Halwas stammen. Aufgrund der hohen Belichtungszeiten und der sperrigen Kameras bereitet es damals Probleme, lebende Tiere zu fotografieren. Hinzu kommen die ungünstigen Lichtverhältnisse in den Aquariumsräumen. Umso bemerkenswerter ist die Leistung des Fotografen. Seine Bilder gleichen Porträts und zeigen einen fast philosophischen Affen voller Nachdenklichkeit. Nur auf einem Foto erklimmt der Gorilla die Käfigleiter, was unbeholfen und anrührend wirkt.[29]

M'Pungu mit Schimpansen, 1876

Da der Druck von Fotografien teuer ist, werden die Fotomotive häufig als Holzstiche oder Lithographien vervielfältigt. Über mehrere Auflagen hinweg erscheint im »Illustrirten Thierleben« ein Blatt mit Gorillaszenen, die alle M'Pungu darstellen. Verantwortlich für diese und andere Arbeiten ist der Tiermaler Gustav Mützel, der das Aquarium und den Menschenaffen regelmäßig besucht. Dabei muss Mützel die eigenen Ideen zurückstellen und sich dem Willen der Autoren und Herausgeber fügen. Die von ihm gezeichneten Gorillabilder folgen den Fotos bis ins kleinste Detail, egal ob es sich um Bilder aus Afrika oder dem Berliner »Glaspalast« handelt. Ebenso realistisch wirkt eine Plastik M'Pungus, die von dem Bildhauer Friedrich Thomas stammt. Es ist nicht das erste Mal, dass der Berliner im Auftrag der Aktiengesellschaft arbeitet. Seine Gipsbüsten der Schimpansen und Orang-Utans werden in mehreren Annoncen zum Verkauf angeboten. Zusammen mit den Abgüssen der Vorder- und Hinterhände kosten sie je fünfzig Mark, was ein stattlicher Preis ist. Als Kunden kommen Museen und naturwissenschaftliche Gesellschaften in Frage.[30] In den Geschäftsberichten des Aquariums taucht 1878 sogar ein eigenes »Gipsbüsten-Conto« auf, wobei die Einnahmen bescheiden bleiben. Am Ende sind es vor allem die Fotografien, die auf dem Umweg über verschiedene Drucktechniken Verbreitung finden. In Tierbüchern und wissenschaftlichen Studien werden sie über Jahrzehnte hinweg veröffentlicht und hinterlassen so eine ganz eigene Spur.

Ein »Adelspatent«

In der vorletzten Septemberwoche 1876 fährt Otto Hermes nach Hamburg, wo die »Versammlung deutscher Naturforscher und Ärzte« tagt. Das jährliche Treffen der Gesellschaft zählt zu den Höhepunkten im wissenschaftlichen Leben des Kaiserreichs und verspricht breite Aufmerksamkeit. Erneut sind fast eintausendneunhundert Mitglieder und Gäste erschienen, die eine Woche lang das Tagungslokal an der Elbe bevölkern. Hier, im »Sagebiel'schen Etablissement«, tritt der Direktor des Aquariums ans Rednerpult, um »über den Gorilla und seine nächsten Verwandten« zu sprechen. Es ist ein launiger Bericht voller Alltagsgeschichten. In kleinen Szenen entwirft Hermes ein anekdotisches Bild, vergleicht er das Verhalten aller bekannter Menschenaffen. Nur im Berliner Aquarium ist das bislang möglich gewesen und auch deshalb lauscht die Versammlung auf jedes Wort: »Unser Institut«, so Hermes, »hat seit Jahren grossen Werth auf den Besitz anthropomorpher Affen gelegt und sie mit Erfolg und Glück längere Zeit gehalten. Jeder Besucher ist mehr oder weniger daran gewöhnt, einen seiner Vettern oder Cousinen, einen Herrn Chimpanse oder ein Fräulein Orang vorzufinden. Innerhalb der letzten Jahre ist es in den Besitz aller vier Anthropomorphem gelangt, des Gibbon, des Orang, des Chimpanse und des Gorilla.* Ich hatte daher die beste Gelegenheit, über ihr Gefangenleben eingehende Studien zu machen… Auf der niedrigsten Stufe stehend ist der kleinste derselben, der Gibbon, zugleich der zarteste und geschickteste von Allen. Das mit weissem Barte umrahmte Gesicht und die abenteuerlich langen Arme geben ihm ein merkwürdiges Aussehen. Er ist der einzige, welcher auf ebener Erde gehend einen stets aufrechten Gang besitzt… Ihm gegenüber ist der Orang ein ungeschickter und phlegmatischer Geselle. Jung zutraulich und liebenswürdig, wird er mit zunehmendem Alter wild und ungebärdig. Es vergingen Monate und es bedurfte täglicher Leckerbissen, ehe ich wagen durfte, mich dem grossen Orang, dem grössten, der jemals in Gefangenschaft war, zu nähern. Seinem Aussehen nach war er ein wahres Scheusal. Die rothe, zottige Behaarung, die eng aneinander gerückten, kleinen, tückischen Augen in dem glatten Gesichte, die Abscheu erregenden Manieren, das furchtbare Gebiss liessen ihn als ein teuflisches Ungeheuer erscheinen, bei dessen Anblick man kaum glauben konnte, dass in ihm eine im Ganzen gutmütige Natur steckt. Es gehört nicht viel Phantasie dazu, ihn für einen wegelagernden Waldstrolch zu halten.

Im Gegensatz zu dem linkischen Orang bietet der Chimpanse ein Bild der ausgelassensten Munterkeit und Geschicklichkeit, an Intelligenz jenen weit überragend. Die liebenswürdigste aller Chimpansen, Tschego, kannte ihre Umgebung genau und gehorchte auf's Wort. Als ein die Reinlichkeit über alles liebendes Fräulein putzte und polierte sie die Glasscheiben ihres Käfigs. Sie kannte und benutzte die zum allgemeinen Affenkäfig führenden Schlüssel und suchte sie sogar aus dem Bunde heraus… Als sie vor einiger Zeit einem Herzleiden erlag, war mir zu Muthe, als ob ein alter Bekannter von mir geschieden wäre. Von allen der Vornehmste aber ist der Gorilla. Es ist, als habe er ein Adelspatent mit auf die Welt gebracht. Unser etwa zwei Jahre alter, männlicher Gorilla hat eine Höhe von fast drei Fuss erreicht.** Sein Körper ist bedeckt mit seidenweichem, grau meliertem, auf dem Kopfe röthlichem Haar. Seine derbe, ge-

* Die Gibbons werden heute auch als Kleine Menschenaffen bezeichnet, während die Bonobos oder Zwergschimpansen, die zu den Großen Menschenaffen gehören, damals noch nicht entdeckt waren.

** Ein preußischer Fuß (Rheinfuß) entspricht 31,38 Zentimeter.

drungene Gestalt, seine muskulösen Arme, sein glattes, glänzend schwarzes Gesicht mit den wohl geformten Ohren, das grosse, kluge, neckische Auge geben ihm etwas frappant Menschenähnliches. Er würde einem Negerknaben gleichen, wenn die Nase förmlicher gestaltet wäre. Dieser Eindruck steigert sich durch die Unbeholfenheit seines ganzen Wesens... Wenn er, dasitzend wie eine Pagode, seinen Blick über das ihn anstaunende Publikum schweifen lässt und dann mit nickendem Kopfe plötzlich in die Hände klatscht, hat er sich im Nu die Herzen Aller erobert... Er verkehrt gern in grosser Gesellschaft, unterscheidet Jung von Alt, Männlich von Weiblich. Gegen Kinder von 2 bis 3 Jahren ist er liebenswürdig, er küsst sie gern, lässt sich alles gefallen, ohne jemals von seinen überlegenen Kräften Gebrauch zu machen...«[31]

Der später gedruckte Vortrag enthält weitere Details. In einfachen Sätzen beschreibt Hermes die Spiele des Affen und den Tagesablauf im Aquarium. Dass M'Pungu gemeinsam mit seinem Wärter das Frühstück verzehrt oder eine »Tasse Bouillon zu sich nimmt«, löst Erstaunen aus. Beweist es doch, wie menschenähnlich der »kleine Anthropomorphe« nun lebt. Ist es möglich – und das fragen sich nicht nur Experten –, den Gorilla zu erziehen und wo verläuft die Grenze, die ihn am Ende vom Menschen trennt? Otto Hermes kennt diese Diskussionen und vermeidet Erklärungen. Zahlreiche Philosophen und Naturwissenschaftler haben darüber schon spekuliert. Auch der Zoodirektor Heinrich Bolau, der den versammelten Wissenschaftlern und Ärzten eine dreißigseitige Publikation über »die menschenähnlichen Affen des Hamburger Museums« widmet, betont die Unzulänglichkeit des bisherigen Wissens. Obwohl sich in den vergangenen Jahrzehnten »eine kleine Bibliothek« über Gorillas angesammelt hat, bleibt vieles an den seltenen Urwaldbewohnern widersprüchlich und rätselhaft.

Die Metropole der Wissenschaften

Die »Versammlung deutscher Naturforscher und Ärzte«, die 1822 gegründet wurde, zieht jedes Jahr an einen anderen Ort. Exkursionen und Ausstellungen, Vorträge und Publikationen sollen den Teilnehmern ein Bild von der Leistungskraft der einladenden Städte vermitteln. Wenn der Kongress für rund eine Woche in Leipzig,

Bonn oder München tagt, dann gilt das den gastgebenden Naturforschern und Ärzten als Ehre. Die eigentliche Metropole der Wissenschaften allerdings ist Berlin. »In keiner europäischen Stadt wird kühner, vorurteilsfreier und umfassender gedacht«, notiert der dänische Literaturkritiker Georg Brandes 1879, wobei er ein halbes Dutzend berühmter Namen erwähnt. Die Institute und Sammlungen der Universität, die Charité und die Königlich-Preußische Akademie liegen in einem Gebäudekomplex oder nur Minuten voneinander entfernt. Ihre Professoren und Assistenten sind über die Arbeit hinaus miteinander bekannt, und viele von ihnen gehören mehreren Vereinen gleichzeitig an. Im 19. Jahrhundert ist es normal, dass man sich nach den Tagesgeschäften mit anderen Bürgern trifft und gemeinsame Ziele verfolgt. Auch wissenschaftliche Themen spielen dann eine wichtige Rolle, und Vereinigungen wie die »Naturforschenden Freunde zu Berlin« oder der legendäre Montagsklub laden ihre Mitglieder in regelmäßigen Abständen zu Vorträgen und zum Erfahrungsaustausch.

Robert Hartmann in Afrika, um 1860

Im November 1869, ein halbes Jahr nach der Eröffnung des Aquariums »Unter den Linden«, wird in der Mohrenstraße die »Berliner Gesellschaft für Anthropologie, Ethnologie und Urgeschichte« gegründet. Viele Akteure rund um M'Pungu begegnen uns hier: Rudolf Virchow und Robert Hartmann, Adolf Bastian und Heinrich Bodinus, Otto Hermes und später auch Julius Falkenstein. Die selbst gestellten Aufgaben sind umfangreich. Mit naturwissenschaftlichen Methoden, so der Messung von Knochen und Schädelformen, wollen die Männer den Gemeinsamkeiten und Unterschieden der »menschlichen Rassen« auf die Spur kommen. Dass die »anthropomorphen Affen« als Vergleichsmaterial bei all dem eine wichtige Rolle spielen, versteht sich von selbst. Noch misstrauen viele Experten der Theorie von Charles Darwin, während einige seiner Anhänger weit radikalere Schlüsse ziehen. Was liegt da näher, als Fakten zu sammeln und die Ergebnisse zu diskutieren. In der »Zeitschrift für Ethnologie«, einem Journal der neu gegründeten Gesellschaft, nimmt die Affenfrage breiten Raum ein, und bereits im Sommer 1876 werden hier erste Zeichnungen mit dem Abbild von M'Pungu gedruckt.

Erste Ergebnisse

Zu jenen, die über Menschenaffen forschen, gehört der Völkerkundler, Zoologe und Mediziner Robert Hartmann. Der Wissenschaftler lehrt an der Berliner Universität Anatomie und hat Jahre in Nordostafrika verbracht. Auf einem Foto, das sein Arbeitszimmer zeigt [Abb. S. 80], erkennen wir ein menschliches Skelett und zwei Affenbüsten. Auf dem kleinen Holztisch im Vordergrund liegt die tote Molly aus dem Berliner Aquarium. Das Schimpansenweibchen wirkt wie für die Aufnahme zurechtgemacht. Sorgfältig eingerahmt von kleinen Korallen hinterlässt der Kadaver einen kostbaren Eindruck. Und tatsächlich sind die toten Körper der »anthropomorphen Affen« etwas Besonderes, streiten sich die wenigen Experten um das Vorrecht, sie untersuchen zu dürfen. Mehrfach schon hat der Berliner zu diesem Thema publiziert und als Vorstandsmitglied der »Gesellschaft zur Erforschung Äquatorial-Afrikas« Kontakt mit Falkenstein und den anderen Afrikaforschern gehalten. Die von den Expeditionsteilnehmern nach Europa geschickten Schimpansen- und Gorillapräparate werden von Hartmann in Empfang genommen und im Anatomischen Institut seziert.

Bereits frühzeitig berichtet Robert Hartmann auch über M'Pungu und bereitet die Öffentlichkeit 1876 auf die mögliche Ankunft des Affen in Deutschland vor. Dass die meisten Zoologen den Wert von Studien an lebenden Tieren damals bezweifeln, stört ihn nicht. Durch die Reisen nach Afrika in der Feldforschung geschult, weiß er, wie wichtig diese Beobachtungen sind. Während Rudolf Virchow, der berühmte Pathologe, seine ganze Familie zum Besuch ins Aquarium mitbringt und M'Pungu »mehr mit kindlichem als mit gelehrtem oder philosophischem Vergnügen« betrachtet, ist der Gorilla bei Hartmann von Anfang an ein Untersuchungsobjekt. Sorgfältig setzt er die begonnenen Körpermessungen fort und notiert das Gewicht und die Nasenbreite des Affen. In seinen Büchern über Menschenaffen, die in den nächsten Jahren erscheinen und in mehrere Sprachen übersetzt werden, spielt M'Pungu eine wichtige Rolle.[32] Der Wissenschaftler schildert, wie sich die zunächst von der Krätze befallene Haut des Gorillas erholt und auf welche Weise das Fell seine Farbe ändert. Er erklärt, wann M'Pungu die Zähne fletscht, wie oft er die kleine rötliche Zungenspitze nach außen schiebt und dass die typische »Nackenwulstung« bereits bei den Jungtieren zu erkennen ist. Mit dem Blick des begabten Zeichners wird das Auge des Affen skizziert und in allen Einzelheiten beschrieben.

DER GORILLA

ZOOLOGISCH-ZOOTOMISCHE UNTERSUCHUNGEN

von

Dr. ROBERT HARTMANN

MIT XIII IN DEN TEXT GEDRUCKTEN HOLZSCHNITTEN UND XXI TAFELN

LEIPZIG
VERLAG VON VEIT & COMP.
1880

Robert Hartmann ist nicht der einzige, der im Aquarium wissenschaftliche Ziele verfolgt. Im Januar 1877 meldet sich aus Gotha der Baron Johannes von Fischer an. Der spätere Zoodirektor von Düsseldorf, den Darwin aufgrund eines Artikels zum Sexualverhalten der Affen einen »sorgfältigen und scharfblickenden Beobachter« nennt, erhält eine Privataudienz und darf den Gorilla in Ruhe studieren. Ein besonderes Interesse zeigt er dabei an dem Ausdrucksvermögen des mit ihm allein gelassenen Affen: »Ich setzte mich auf das Bett, nahm ihn auf den Schoss und wandte nun meine ganze Kenntnis der verschiedenen mir bekannten Affensprachen und Dialekte nebst dem obligaten Mienenspiel an, um ihn zur Unterhaltung zu bringen und sein Gesicht studieren zu können. Umsonst. Ein Makak oder ein Pavian würden mich auf der Stelle verstanden und Gleiches mit Gleichem erwidert haben. M'Pungu verstand mich nicht. Er sah mich verwundert an und schien in meinen Bemühungen nur ein sinnloses Gemurmel und Fratzenschneiden zu erblicken, ohne auch nur einen Laut von sich zu geben. Schliesslich gab er mir grinsend eine Ohrfeige und biss gleich darauf in meine Nase.«[33]

Da M'Pungu das Spiel immer ärger treibt, hat der Baron schließlich Mühe, sich gegen ihn durchzusetzen. Immerhin registriert er, dass der Gorilla wie ein Mensch kichern kann und dass er offenbar kitzlig ist. Wie fast allen Affen wird auch M'Pungu ein Spiegel vor das Gesicht gehalten, soll er zeigen, ob er sich darin erkennt. Dem Leipziger Mediziner Arthur Kollmann geht es vier Monate später um andere Probleme. Der junge Mann benötigt für die Promotion ungewöhnliches Material. Seine Arbeit über den »Vergleich von Menschen- und Affenhand« enthält einen »Tastballenabdruck 1. Ordnung«, der von dem »Berliner Gorilla« stammt. Im Text bedankt sich Kollmann bei Hermes für die Möglichkeit, den »kleinen zutraulichen Patron zu wiederholten Malen« besichtigen zu können und stellt die sehr speziellen Ergebnisse vor.

Ob es weitere Wünsche nach Sprechstunden im »Glaspalast« gibt, wissen wir nicht. Nur die Namen einiger Wissenschaftler, die den Gorilla besucht haben, sind bekannt. So erscheint aus Berlin der Zoologieprofessor Wilhelm Peters, reist aus Halle der Haustierforscher Karl Freytag an. Sie alle bewegt auch die Frage, wie sich M'Pungu im Verlauf seines Lebens entwickeln wird. Denn so sehr ihm die Sympathien jetzt zufliegen, der »Liebling der Berliner« steht unter Beobachtung. Gehen die Experten doch davon aus, dass Aggressivität und Unberechenbarkeit des Gorillas mit dem Alter zunehmen werden und dass sein Gehirn dann sogar schrumpft. Während das Jungtier als menschenähnlich gilt, hält man das ausgewachsene Exemplar für ein gefährliches Scheusal. Nur so ist die Neugier zu verstehen, die viele Autoren befällt, wenn M'Pungu die Zähne zeigt oder seine Kraft an den Gitterstäben erprobt. Vorerst jedoch begnügen sich die Wissenschaftler mit Andeutungen und warten die Zeit ab. Und so lange der kleine Menschenaffe mit dem Hund Flock durch den Käfig tobt und in »göttlicher Gorillalaune« seine Späße treibt, hält er die Herzen der Besucher und Spezialisten gleichermaßen gefangen.

Auf dem Krankenbett

Zu den wiederkehrenden Aufregungen nach der Ankunft M'Pungus zählen seine Krankheiten. Schlagartig stockt der normale Arbeitsalltag, setzt im Aquariumsgebäude Nervosität ein. Bereits beim ersten Mal tritt ein »Gesundheitsrat« aus vier Professoren zusammen, eilt Julius Falkenstein aus der preußischen Provinz nach Berlin.[34] Denn am 8. September 1876 ist der Gorilla wie ausgewechselt und wälzt sich »hustend und röchelnd« hin und her. Im »Empfangssaal seines Büros« lässt Hermes dem Affen ein Krankenzimmer einrichten, in dessen Mitte ein provisorisches »Himmelbett« steht. Über den Beinen eines umgedrehten Tisches spannt sich ein weißes Mousselintuch, während der Gorilla auf weichen Decken darunter liegt. Gemeinsam mit dem Arzt Martini übernimmt Falkenstein die Behandlung. Die beiden Männer besuchen den Kranken viermal am Tag. Wie sich herausstellt, leidet M'Pungu an einer »Luftröhrenentzündung«, der man mit Chinin und Emser Kränchen zu Leibe rückt. Da viele Zeitungen über die Ereignisse berichten, ist die Anteilnahme der Bevölkerung groß. Nach den Schilderungen von Otto Hermes gehen »mehr als 100 Anfragen« täglich ein, wollen die Menschen Genaueres wissen. Am 17. September sind die schlimmsten Auswirkungen überstanden und eine Woche später kann das »Berliner Fremdenblatt« Entwarnung geben. »Aus dem Aquarium«, so die Redaktion der Zeitung, »ist heute die Jubelbotschaft zu melden, dass Freund Gorilla wieder völlig gesund und munter das Krankenbett verlassen hat, daß also die gorillalose, die schreckliche Zeit vorüber ist.«

M'Pungu, 1875

Doch so einfach sind die Dinge am Ende nicht. Bereits im November erkrankt M'Pungu erneut, wobei es sich diesmal um eine Entzündung im Mund und Rachenraum handelt. Gegen den Rat der zusammengerufenen Professoren entscheidet sich Hermes, den Affen mit Höllenstein zu kurieren und hat nach wiederholter Behandlung Erfolg. Dabei lässt er M'Pungu von drei Wärtern festhalten und führt die »schmerzhafte Operation« selber aus. Der Direktor des Aquariums folgt seiner Intuition. Zugleich beweist das Ereignis, wie unsicher die Experten noch immer sind. Im Grunde weiß man kaum etwas über die Bedürfnisse eines Menschenaffen und behandelt M'Pungu nicht anders als ein menschliches Kind. In einer Zeit, in der man bei vielen Erkrankungen, so der Tuberkulose, weder die Ursachen noch die geeigneten Behandlungsmethoden kennt, ist das nicht verwunderlich. Zwar hat der Frankfurter Zoodirektor und Tierarzt Max Schmidt 1870 ein erstes Buch über die »Krankheiten der Affen« veröffentlicht, doch auch er kann das bisherige Wissen bloß zusammenfassen. Immerhin enthält der Band vierzehn Sektionsprotokolle von Menschenaffen, mit deren Hilfe sich manche Gefahren beschreiben lassen. Weitere Protokolle veröffentlicht die »Gesellschaft der Naturforschenden Freunde zu Berlin« in ihren Sitzungsberichten. Wer diese Arbeiten liest, wird mit dem Leiden der Tiere und der Hilflosigkeit ihrer Betreuer konfrontiert. Es sind erschütternde Schilderungen, die sich in der Erinnerung festsetzen. Manchen der Schimpansen und Orang-Utans fallen nacheinander die Zähne aus, andere siechen unter Krämpfen dahin.[35] Denn die Geschichte der eingeführten Menschenaffen ist eine Verlustgeschichte. Die »unter großen Mühen nach Europa gebrachten Anthropomorphen« sterben meist schon nach einigen Monaten oder gar Wochen. Nur in Ausnahmefällen lässt sich eine Überlebensdauer von mehreren Jahren nachweisen. Hinzu kommt, dass die meisten Tiere den Kontinent gar nicht erreichen und bereits in den Herkunftsländern oder auf der Reise qualvoll zugrunde gehen.

Kritik an diesen Zuständen, die bis weit ins 20. Jahrhundert andauern, gibt es kaum. Ein einziges Mal nur druckt die Zeitschrift »Der Zoologische Garten« einen Beitrag, in dem ein uns unbekannter Autor 1881 sehr deutlich wird: »Es muss den Thierfreund mit Schmerz erfüllen, wenn er sieht, wie alljährlich mit schweren Opfern und unter Aufwendung ungeheurer Geldkosten auf's Neue Exemplare der anthropomorphen Affen nach dem Norden geschleppt werden, die hier wohl noch niemals lange am Leben geblieben sind. Man weiht diese Thiere also durch Überführung wissentlich dem Untergange, und es wird selbst dadurch daran Nichts geändert, dass man jedesmal von Neuem behauptet: ›nunmehr seien diejenigen Bedingungen gefunden und vorhanden, die nöthig wären, um ihnen das Leben hier zu erhalten.‹«[36] Otto Hermes zumindest weiß um die Gefahren, denen M'Pungu ausgesetzt ist, und versucht sie so gering wie möglich zu halten. Täglich wird das Zimmer des Menschenaffen mit Kalomel, einem Quecksilberpräparat, desinfiziert und auch die Temperaturen in seinen Aufenthaltsräumen sind nicht so hoch wie in anderen Zoos. Julius Falkenstein dürfte den Direktor des Aquariums hier genau unterrichtet und vor Übertreibungen bewahrt haben. Die Ernährung von M'Pungu allerdings, zu der neben Bier und Wein auch fette und fleischhaltige Kost gehört, entspricht in keiner Weise seinen Bedürfnissen. Noch ahnen die Experten nicht, dass der Gorilla, den sie als Allesfresser beschreiben, ein ausgesprochener Vegetarier ist.

Ein Reisebericht

Im April 1877 erhält der Berliner Korrespondent des »British Medical Journal« eine »Privataudienz« bei M'Pungu. Beeindruckt schreibt er einen längeren Bericht, der in zahlreichen Zeitungen nachgedruckt wird. Es ist nicht das erste Mal, dass sich die englische Presse für den Affen interessiert, doch nun gibt es einen zusätzlichen Grund. Es verdichten sich nämlich die Hinweise, dass der Gorilla auf eine Rundreise geschickt werden soll. Aus London, Wien und Paris liegen Angebote vor, und im Verlauf des Sommers meldet sich auch ein Agent aus New York. Der »Vormundschaftsrat« von M'Pungu empfiehlt zunächst einen Aufenthalt an der Themse. Angeblich – so die Mitteilung – könne sich das »feuchte Klima« günstig auf das Wohlbefinden des Tieres auswirken. In Wahrheit aber geht es ums Geld. Aus dem Royal Aquarium in London, wo die Schaustellung stattfinden soll, werden hohe Summen geboten. Da M'Pungu im Mai 1877 erneut erkrankt und Wochen an einem Darmkatarrh laboriert, wartet die Direktion mit der Reise noch ab. Erst am 15. Juli macht sich der kleine Tross auf den Weg. Neben Otto Hermes gehören ihm der Wärter Wilhelm Viereck und ein weiterer Mitarbeiter an. Der Gorilla wird zudem von dem Schimpansen Tschego und dem Hund Flock begleitet, an den sich M'Pungu gewöhnt hat. Fünf Monate später hält Hermes einen öffentlichen Vortrag über seine Erlebnisse in der britischen Metropole. Es ist ein Rückblick voller Emotionen und pathetischer Schilderungen. Schon die Erinnerung an die Fahrt über den Ärmelkanal, die bei stürmischen Wetter stattfand, dürfte nicht wenige Zuhörer verwundert haben:

»Am 17. Juli fuhr man mit dem Schiff ›Castor‹ von Hamburg ab. Der einzige Passagier, der nicht seekrank wurde, war M'Pungu, und als sich in der Nähe der holländischen Küste einer nach dem anderen von seinen menschlichen Reisegefährten, deren Liebling und sogar Tischgenosse er allgemein sofort geworden war, still nach seiner Kajüte oder in eine einsame Ecke zurückzog, da bemächtigte sich seiner deshalb eine grosse Niedergeschlagenheit, und mit besorgter und trauriger Miene ging er von dem Einen zum Andern, legte seine Hand auf ihren Kopf und sah sie mit einem Blicke an, der seine aufrichtige Theilnahme bekundete und beständig zu fragen schien: ›Was fehlt Dir?‹ So lange noch Leben auf dem Schiff und die Temperatur mild war, tummelte er sich munter an Bord und in den Masten herum, und man hatte deshalb keine Sorge um ihn, denn man wusste, wie überaus vorsichtig er war. In London, wo die Trennung von ihm einzelnen Passagieren recht schwer fiel, stieg man zunächst im Hotel mit ihm ab, aber schon am nächsten Tage, den 19. Juli, konnte er in seine, für einen Affen überaus comfortable Wohnung im dortigen Aquarium übersiedeln. Hier wurde er nun zunächst den Vertretern der Wissenschaft und der Presse vorgeführt, dann aber täglich 3 Stunden dem Publicum zur Schau gestellt. Die Vorbereitungen hierzu und die ganze Art und Weise der Ausstellung waren nach echt Londoner Manier durchgeführt, das heißt mit einem Apparate von Reclame und Grossspurigkeit, wie er bei uns in Deutschland rein undenkbar und vor allen Dingen durchaus polizeiwidrig sein würde. Schon 6 Wochen lang vor M'Pungu's Ankunft waren die Strassen, die Zeitungen und die Eisenbahnen überschwemmt worden mit Ankündigungen und im Aquarium selbst machte ein Riesen-Plakat von 30 Fuss Länge und 20 Fuss Breite die Besucher auf das Wunder-Thier aufmerksam und verkündete, dass M'Pungu (nur so und nicht anders sprach man von ihm) um die und die Stunde ›seine Besucher empfangen‹

werde. Das ganze Aquarium, das in London an 10.000 Menschen fasst und zu allen möglichen Schaustellungen dient, also noch viel weniger als das Berliner Institut bloss ein Aquarium im eigentlichen Sinne ist, war beständig überfüllt und Alles drängte sich nach dem nur 300 Sitzplätze (der Engländer will nur sitzend sich etwas ansehen) enthaltenden Sonder-Raume, in welchem M'Pungu seine ›Sprechstunden‹ abhielt. Der Gorilla übte eine solche Anziehungskraft auf die Londoner Bevölkerung aus, dass der Zudrang zu den gleichzeitig und in denselben Räumen stattfindenden Vorträgen des vielberufenen Amerikaners Barnum über den Humbug* entschieden in den Schatten gestellt wurde. Alle Zeitungen, voran die Times, brachten täglich spaltenlange Artikel über M'Pungu, die Königliche Familie, alle Minister und Würdenträger kamen, ihn zu sehen, kurz der Gorilla beherrschte ganz London.«[37]

Im Royal Aquarium

Der aus dem Vortrag des Direktors resultierende Artikel erscheint erst im Frühjahr 1878. Zu diesem Zeitpunkt liegen die Ereignisse um M'Pungu bereits Monate zurück und vielleicht hat Otto Hermes auch deshalb manches verklärt. Der Direktor ist beeindruckt von der Dynamik der Viermillionenstadt und versteht, da er nur schlecht englisch spricht, nicht immer, was man ihm in London erzählt. Bei der Beurteilung des Royal Aquariums aber hat Hermes vollkommen Recht. Mit dem Berliner Institut »Unter den Linden« lässt sich das weitläufige Gebäude gegenüber von Westminster Abbey schwer vergleichen. Selbst wenn der Verantwortliche für den Aquariumsbereich William Lloyd heißt, die Fische und Wassertiere sind hier im besten Fall Nebensache. Der am 22. Januar 1876 eröffnete Veranstaltungspalast gehört vielmehr zu jenen Etablissements, in denen sich die betuchten Einwohner der Stadt amüsieren. Allein die Haupthalle mit ihrem gewölbten Glasdach ist über hundert Meter lang und fast fünfzig Meter breit. Ausgestattet mit Bassins und Skulpturen, Springbrunnen und einer Eislaufbahn bietet sie Platz für zahlreiche Veranstaltungen. Wem das nicht genügt,

* Gemeint sind hier Zirkusattraktionen. Barnum wurde aufgrund seiner aufsehenerregenden Projekte auch »König Humbug« genannt.

der kann sich in Billard- und Lesezimmern, Galerien und Ausstellungsräumen vergnügen oder die Aufführungen des hauseigenen Orchesters besuchen. Fast dreihundert festangestellte Mitarbeiter und siebenhundert Saisonkräfte arbeiten in dem Gebäude, dessen Eigentümer sich gleichwohl in Schwierigkeiten befinden. Schon ein Jahr nach der Eröffnung des Hauses deutet sich ein Desaster an, beträgt das Defizit zwanzigtausend Pfund. Höchste Zeit, für neue Attraktionen zu sorgen und sie den Londonern anzupreisen.

M'Pungu ist nicht die einzige Sensation, mit der man nun um Besucher wirbt. Zur gleichen Zeit gastiert »Miss Zazel«, die sich als menschliche Kanonenkugel durch die Luft schießen lässt, während nur ein paar Schritte weiter der amerikanische Zirkuspionier Phineas Taylor Barnum aus seinem bewegten Leben erzählt. Konzerte und Feste wechseln einander ab, und das vor drei Monaten eingeweihte Theater des Hauses bietet ein umfangreiches Programm. Dass Otto Hermes mit dem Gorilla trotzdem Aufsehen erregt, beweist ein Blick in die Zeitungen. Die »London Times« bringt die Nachricht von der Ankunft M'Pungus auf ihrer Titelseite und berichtet in den nächsten Wochen noch mehrfach über den Affen. Auch andere Redaktionen schicken ihre Reporter in das Aquarium.[38] Vieles von dem, was die Journalisten notieren, kennen wir bereits: M'Pungu ist nun ein »very nice beast«, »the lion of the season« oder einfach nur »the most wonderful monkey I have ever seen«. Hinzu kommt die weltweite Aufmerksamkeit. Denn mehr als zuvor verbreitet sich die Nachricht jetzt über den Ozean. »The New York Times«, »The Melbourne Telegraph«, Zeitungen aus Australien und Neuseeland – sie alle lassen ihre Korrespondenten berichten oder drucken die englische Presse nach. Das gleiche gilt für Paris, wo das »Journal des Voyages« sogar eine Abbildung publiziert. Und schon damals gehen manche Informationen auf dem Wege durch die Redaktionsstuben verloren oder verändern sich bis zur Unkenntlichkeit. So wird aus »Dr. Falkenstein« mit einem Mal ein »Dr. Frankenstein« und aus der deutschen Expedition zur Erforschung Äquatorial-Afrikas, »the famous Prussian expedition«, die den Gorilla nach Berlin gebracht habe.

Auf dem Grundriss des Royal Aquariums ist der Ort zu erkennen, an dem man M'Pungu nunmehr besichtigen kann. Es handelt sich um einen Raum im nördlichen Teil des Gebäudes. Der hier errichtete Käfig besteht aus dünnen, relativ weit auseinanderliegenden Eisenstangen und steht etwas erhöht auf einem Podest. Mehrere von

Das Royal Aquarium in Westminster, um 1876

der Decke herabhängende Seile, eine Leiter und zwei Sessel vervollständigen die Einrichtung. Wenn die Besucher Platz genommen haben, wird der Gorilla mit seiner Entourage, dem Hund Flock und dem Schimpansen Tschego, hereingebracht und für die ersten Minuten sich selbst überlassen. Dann jedoch treten die Wärter in Aktion und halten – wie bei den Darbietungen der Wandermenageristen – einen kleinen Vortrag, den sie auswendig gelernt haben. Viel erfahren die Neugierigen nicht, denn der Wortschatz der beiden Deutschen reicht nur für das Notdürftigste. Um die hohen Eintrittspreise von drei Schilling zu rechtfertigen, wird M'Pungu schließlich aus dem Käfig herausgenommen und auf einen Stuhl in der Zuschauermenge gesetzt. Die anschließende »Flucht des Affen« sorgt regelmäßig für Aufregung und gibt den Anwesenden die Möglichkeit, den Gorilla in Aktion zu erleben. Das Spektakel wiederholt sich dreimal am Tag und wer in den Zeiten dazwischen eine »Privataudienz« wünscht, hat dafür fünf Schilling zu zahlen.

Im Gegensatz zur Präsentation »Unter den Linden« erinnert dieser Ablauf an einen Varieté- oder Zirkusbetrieb, dominieren die finanziellen Interessen der Veranstalter das Geschehen. Auch der Verkauf von Fotos und Gipsbüsten, die zum Teil erst in der britischen Metropole hergestellt werden, soll vor allem die Kasse füllen. So modelliert der bekannte Präparator Rowland Ward eine zweite Plastik M'Pungus, entstehen im Studio der »London Stereoscopie Company« weitere Gorillaaufnahmen. Darunter befindet sich offenbar auch jene Fotografie, die M'Pungu mit dem Tierpfleger Wilhelm Viereck zeigt. Eng umschlungen schauen der Siebenundzwanzigjährige und sein Schützling hier in die Kamera. Es ist die einzige Abbildung, die wir von Viereck besitzen und sie ist auch deshalb so wertvoll, weil sie das enge Verhältnis der beiden eindrucksvoll unterstreicht. Niemand hat mehr Zeit mit dem Gorilla verbracht, sich intensiver um ihn gekümmert als der Berliner Aquariumswärter.

Darwins Schweigen

Die umfangreiche Berichterstattung, die zahlreichen Annoncen in der »London Times« und die Plakatwerbung tragen dazu bei, dass der Aufenthalt von M'Pungu ein voller Erfolg wird. Wenn an besonders turbulenten Tagen bis zu fünfundzwanzigtausend Menschen im Royal Aquarium gezählt werden, reichen die Sitzplätze vor dem Gorillakäfig nur für einen Bruchteil der Neugierigen. Zu den Besuchern gehören mehrere Mitglieder des englischen Königshauses und der preußische Kronprinz Wilhelm, der Premierminister und Abgeordnete des Parlaments. Vor allen anderen aber erscheint die alte Garde der britischen Naturwissenschaftler. Bereits am 21. Juli 1877, zwei Tage nach der Ankunft M'Pungus, wird der Gorilla von Richard Owen besichtigt. Der noch immer rüstige Owen verfügt über große Autorität und bereitet in dieser Zeit die Gründung des Museum of Natural History vor. Gemeinsam mit ihm sind der Zoologe St. George Mivart und der Chirurg und Journalist Frank Buckland der Einladung ins Aquarium gefolgt. Die drei Männer, die sich zum Teil über Jahre mit der vergleichenden Anatomie der Affen beschäftigt haben, lehnen die Darwinsche Evolutionstheorie ab, und der Anblick M'Pungus scheint sie in dieser Auffassung zu bestätigen. Vertraut man den Zeitungsberichten, dann versucht Buckland, dem Gorilla das Schreiben beizubringen, erreicht aber nur, dass M'Pungu den etwa drei Zentimeter langen Bleistift ins Maul steckt und verschluckt.

Der kleine Vorfall, zu dem noch die Nachricht gehört, dass der Menschenaffe im Anschluss ein Glas Bier getrunken und ein Stück

M'Pungu mit dem Tierpfleger Wilhelm Viereck

Roastbeef verzehrt habe, macht auch deshalb die Runde, da sich die Presse eine Reaktion von Charles Darwin erhofft. Anders als in Berlin versäumt es in London kaum ein Journalist, auf die Bedeutung des Gorillas für die Evolutionstheorie hinzuweisen. Doch Darwin hält sich zurück und vermeidet eine öffentliche Erklärung. Nach allem, was wir wissen, hat er sich in den acht Wochen, in denen M'Pungu an der Themse zur Schau gestellt wird, nicht zu Wort gemeldet. Nach dem Abschluss der Arbeit über den »Ausdruck der Gemüthsbewegungen bei Menschen und Tieren« beschäftigen ihn die anthropomorphen Affen nur noch am Rande, gilt sein Interesse der Blütenbiologie und fleischfressenden Pflanzen.

Umso aktiver ist Frank Buckland, der den Gorilla mehrfach in Augenschein nimmt und beschreibt. Anders als Darwin steht der exzentrische Buchautor gern in der Öffentlichkeit und lässt sich schnell zu ungewöhnlichen Auftritten hinreißen. In den nach seinem Tod herausgegebenen »Notes and Jottings from Animal Lives«, die ein eigenes Kapitel über »Mr. Pongo« enthalten, wird auch folgende Beobachtung geschildert: »Ein kleiner Junge und ein Mädchen«, so Buckland«, die während meiner Anwesenheit hereinkamen, um Pongo zu sehen, begannen nach einer Weile mit ihm zu spielen. In der Art, die kleinen Kindern zu eigen ist, verbrüderten sie sich während des Spiels allmählich mit ihm. Da ich kein Kind bin, kann ich ihre lustigen Aussprüche und Handlungen über alles und nichts, hier nicht wiedergeben. So spielten diese drei, der kleine Junge und das Mädchen und der Gorilla, fast eine halbe Stunde nach ihrer eigenen kindlichen Weise, und auch ich machte mit Zierrat, Taschentüchern usw. Kinderexperimente mit ihm mit. Doch das Gehirn des Menschenaffen konnte den Menschen nicht verstehen. Pongo steckte alles in seinen Mund und versuchte es anzubeißen. Während die beiden Menschen und der Gorilla auf dem Boden saßen und spielten, konnte ich nicht umhin, den riesigen Unterschied zwischen dem Antlitz des Gorillas und dem der Kinder zu bemerken, das eine entschieden und klar das eines Affen, die anderen entschieden das eines Menschen. Es war unmöglich nicht zu sehen, was für eine enorme Linie der Schöpfer zwischen einem Menschen und einem Affen gezogen hatte.«[39]

Die Absicht von Frank Buckland ist ebenso klar wie vergeblich. Denn die populären Ideen, die sich mit Darwins Namen verbinden, werden längst von vielen Zeitgenossen geteilt. Wie selbstverständlich stellen die meisten Journalisten das »menschenähnliche Wesen des Gorillas« heraus und die Besucher kommen zu ähnlichen Schlüssen. Über Wochen verfolgt die einflussreiche Satire-

REFLECTIONS ON THE GORILLA.

(*At the Aquarium.*)

MASTER PONGO,
From the Congo,
Or, more strictly, the Gaboon-stream—
Sole Gorilla
That doth fill a
Place beneath pale Europe's moon-stream—

Squat of figure,
Like a Nigger,
In the eyes and face and colour;
Grave and gentle,
Dull in mental
Aptitudes, and getting duller.

Young Chimpànzee
One might fancy
Turning out a man and brother;
Full of frolic,
Melancholic;
If, one moment, gay another.

High-rope swinging,
Cross-bar clinging,
Hand-o'er-hand, Jack-tar-like, climbing.

Hugging, snatching,
Kissing, scratching,
Much like Man, his baby-time in.

Not so PONGO:
You may long go
Ere you'll meet a sadder creature,
Duller, drearier,
Travel-wearier,—
Babe as 'tis,—in air and feature.

Springs this glumness
From his dumbness,
That he can't return our greeting,
Tell each brother,
"You're another!"
Or drink "Our next merry meeting"?

Or is't sadness
At Man's badness,
In two capitals detected,
That can fill a
Babe Gorilla
With a gloom so deep-dejected?

Though at dinner,
For a sinner,
He enjoys his beef and beeà,
Sad and testy,
Oft his breast he
Beats, as who'd say, "*Culpa mea!*"

Or is't owing
To his knowing
Science threatens rank quadrùman?
That to-morrow—
Shame and sorrow!—
DARWIN may proclaim him human!

Gedicht in »Punch«, August 1877

zeitschrift »Punch« im Sommer 1877 die Schaustellung und macht sich auf die Ereignisse ihren eigenen Reim. Bereits vor sechzehn Jahren hat die Redaktion eine Reihe von vielbeachteten Gorilla-Illustrationen gedruckt, jetzt greift sie das Thema noch einmal auf. Zwei Zeichnungen erscheinen, die M'Pungu mit Hut und Mantel und bei einem Interview zeigen. Der Reporter, der erfahren haben will, dass der Gorilla zum Sekretär und Schatzmeister der Aquariumsgesellschaft gewählt werden soll, stellt eine Reihe von Fragen, die das absurde Verwirrspiel schnell auf die Spitze treiben. So erklärt der »gelehrte Affe« nun, was er von William Shakespeare hält und warum er eine besondere Vorliebe für das Libretto aus dem Rheingold von Richard Wagner hat. Das mit politischen und künstlerischen Seitenhieben gespickte »Interview« ist nicht die einzige Attacke des »Punch«. In sogenannten »Pongo-isms«, kleinen Kommentaren zum Zeitgeschehen, wird dem Gorilla allerhand Respektloses in den Mund gelegt. Dass sich hinter den bissigen Kommentaren viel Sympathie für den jungen Menschenaffen verbirgt, beweist ein von der Zeitschrift gedrucktes Gedicht.[40] Wie oft sind es zuerst die Künstler, die einen neuen Ton anschlagen und eine verbreitete Stimmung zum Ausdruck bringen.

Eine Katastrophe

Die Reise M'Pungus nach London wird auch in Berlin aufmerksam verfolgt. In regelmäßigen Abständen erscheinen kleinere Meldungen, berichtet die Hauptstadtpresse von den Ereignissen. Das Gorillathema fasziniert viele Menschen. Noch Ende Juni hat Baron Hugo von Koppenfels in der »Gartenlaube« einen langen Artikel über seine Jagd auf die »mysteriösen Affen« veröffentlicht und die Neugier angestachelt. Die aus diesem Anlass gedruckte »Originalzeichnung« zeigt einen riesigen Gorilla in Angriffsstellung. Mit M'Pungu, der in der britischen Metropole »Triumphe feiert«, lassen sich solche Bilder nur schwer zusammenbringen. Der Affe ist und bleibt der Liebling der Berliner, ein »bezauberndes Wesen von entzückenden Manieren«. Kein Wunder, dass man sich auch für seine Rückkehr aus London interessiert. So muss die Abfahrt – wie das »Fremdenblatt« berichtet – zunächst um mehrere Tage verschoben werden. Ein Sturm über dem Ärmelkanal zwingt Otto Hermes, den Aufenthalt zu verlängern. Am 11. September hat sich das Wetter beruhigt und bereits in den Mittagsstunden kann der Gorilla bei Sonnenschein und einundzwanzig Grad Celsius auf dem

Schiffsdeck der »Castor« herumturnen. In der Hansestadt angekommen, wird ein Zwischenstopp im Hamburger Zoo eingelegt. Rund vierzigtausend Besucher besichtigen M'Pungu hier innerhalb von neun Tagen. Das bleibt zwar unter den Erwartungen, doch ein Grund für trübe Gedanken ist es nicht. Die Reise insgesamt gilt als großer Erfolg: »Der Gorilla«, so die »Tribüne«, »ist gesund und munter zurückgekehrt und seit Montag, den 24. September wieder im Aquarium ausgestellt. Daß er in London ein ungewöhnliches Aufsehen erregte, brauchen wir wohl kaum zu erwähnen.«

Niemand, am allerwenigsten Otto Hermes, ahnt in diesem Moment, dass den Berlinern nur noch wenig Zeit bleibt, den Affen abermals zu besichtigen. Seine Gesundheit scheint im Gegenteil so »gut wie lange nicht« und schon gibt es Überlegungen für weitere Reisen. Im Oktober 1877 wird von der »Norddeutschen Buchdruckerei und Verlagsanstalt« eine sechzehn Seiten umfassende Broschüre veröffentlicht, in der man die Geschichte M'Pungus nachlesen kann.[41] Berichte in mehreren Tageszeitungen beleben die Diskussion und locken neue Besucher an. Am 13. November jedoch macht eine schockierende Mitteilung die Runde. Gegen halb fünf in der Frühe ist der Gorilla völlig unerwartet nach »plötzlichem Todesröcheln und lautem Aufschrei« gestorben. Niedergeschlagen steht der herbeigerufene Otto Hermes am Lager seines Schützlings und ringt um Fassung. Gestern Abend noch hat er M'Pungu untersucht und Fieber gemessen. Doch der Durchfall, an dem der Affe seit vierzehn Tagen gelitten hatte, schien im Vergleich zu den bisher überstandenen Krankheiten keinen Anlass zu ernster Sorge zu geben. Der Verlust trifft den Aquariumsdirektor in jeder Hinsicht. Emotional und auch finanziell. In den nächsten Tagen wird die Zahl der Besucher zurückgehen und der Kurs der Aktiengesellschaft um drei Prozent nachgeben.

Fast alle Zeitungen der Reichshauptstadt greifen die Mitteilung vom Tod des Gorillas auf und drucken einen meist gleichlautenden Text. Manche Journalisten verweisen zudem auf die Lebensdauer des Tieres. Mit einem Jahr und neunzehneinhalb Wochen habe der Affe »eine bemerkenswert lange Zeit« in Europa verbracht, schreibt die Redaktion des »Berliner Fremdenblatts« und würdigt die Verdienste von Otto Hermes und seinen »Spezialwärtern«. In der »Nature« und anderen Fachzeitschriften, so dem »Zoologischen Garten«, wird die Tragödie ebenso kommentiert wie in der »New York

Times« oder dem »Punch«. Allerdings gibt es vorerst nicht viel zu berichten. Verglichen mit den Todesstunden anderer Menschenaffen, die der Schilderung nach an den Schlussakkord sentimentaler Romane erinnern, bietet der Tod des Gorillas kaum Stoff für Dramatisierungen. Nur die Öffnung seines Leichnams kann über die »Ursachen des Ablebens« Aufschluss geben und die Tatsache, dass die Obduktion sehr schnell stattfindet, beweist, wie dringend man an der Klärung interessiert ist.

Die Stunde der Wissenschaftler

Rudolf Virchow

»Am 14. November 1877, Vormittags 11 ½ Uhr, hat sich ein kleines wissenschaftliches Trauergefolge im Directionszimmer der Königlichen Anatomie versammelt, um der Leiche M'Pungus, des hohen Anthropomorphen, den uns die Mitglieder der deutschen Expedition an der Loango-Küste vor 1 ½ Jahren nach Berlin geführt haben, die letzte Ehre zu geben…« – so beginnt der Obduktionsbericht, der in der »Berliner Klinischen Wochenschrift« Ende November veröffentlicht wird. Es ist eine beeindruckende Runde von wenigstens elf Personen, die sich nun um den kleinen Körper des Affen versammelt. An ihrer Spitze steht Rudolf Virchow, der weltbekannte Mediziner und Pathologe. Eben erst hat der Wissenschaftler ein Buch über »Die Sections-Technik im Leichenhause des Charité-Krankenhauses« veröffentlicht und seine überragenden Kenntnisse auf diesem Gebiet erneut unter Beweis gestellt. Mit den Professoren Rudolf Hartmann und Bogislaus Reichert unterstützen ihn weitere Spezialisten. Otto Hermes und Julius Falkenstein, Carl Nissle und Max Boehr, die Assistenzärzte Gustav Broesike und Hermann Rabl-Rückhard sowie die Künstler Paul und Franz Meyerheim ergänzen die Runde. Wenigstens drei der Männer sind direkt an der Obduktion beteiligt, wobei Gustav Broesike die Hauptlast der Arbeiten trägt. Das Verfahren ist erprobt und schon in den frühen Morgenstunden hat »der Leichen-

Sektionsraum im Pathologischen Institut der Berliner Charité

diener am anatomischen Museum Jean Wickersheimer die Maße aller Körperdimensionen aufs genaueste notirt, und Gyps-Abgüsse des Schädels und der Büste sowie sämmtlicher Extremitäten genommen«. Sie werden später in der Universität vervielfältigt und von der Aktiengesellschaft des Aquariums verkauft.

Da es in den deutschen Museen nach der Loango-Expedition genügend Skelett- und Fellpräparate von Gorillas gibt, interessieren sich die Wissenschaftler vor allem für die inneren Organe des Menschenaffen. »Wir fanden den Schädel bereits aufgesägt und das Gehirn für genauere Untersuchungen in einer erhärtenden Flüssigkeit reservirt. Ein Blick in die freiliegende Schädelgrundfläche des Anthropomorphen gewährte jedem Mediciner das täuschend ähnliche Bild eines geöffneten Kinderschädels…«, heißt es bei Max Boehr in dem erwähnten Bericht. Der Sanitätsrat und »Physikus des Kreises Nieder-Barnim« beschreibt nicht nur die Freilegung der Bauchhöhle und die Herausnahme des Darmes, er beschäftigt sich auch mit der Suche nach der Todesursache: »Wer oft an den zahllosen Leichen von Menschenkindern gestanden, die an einfacher Diarrhoe und Darmcatarrh zu Grunde gegangen sind, der musste durch die frappante Aehnlichkeit ja Gleichheit der anatomischen Befunde der Darmschleimhaut und ihres Inhaltes überrascht sein, die das Sectionsmesser bei diesem Affenkinde nachwies, der junge M'Pungu ist an nichts anderem als an einfacher Diarrhoe und Darmcatarrh gestorben. – Nur eine krummgebogene Stecknadel und ein Handschuhknopf im Blinddarm, ohne dass diese fremden Körper übrigens irgend welche Reizung der Schleimhaut erzeugt hatten, erinnerte den Beschauer, dass er den Darm einer Bestie geöffnet vor sich sah.«[42]

Das Bild des Gorillas

An Durchfall und einer Entzündung des Darmes also soll M'Pungu gestorben sein. Die Nachricht verbreitet sich schnell, wobei die Zeitungsredaktionen vor allem die kleinen Gegenstände kommentieren, die man im Körper des toten Gorillas gefunden hat. Nach fünf Wochen aber muss der Bericht korrigiert werden. In den »Sitzungs-Berichten der Gesellschaft Naturforschender Freunde zu Berlin« veröffentlicht Gustav Broesike eine ganz andere Version der letzten Tage des Affen. Nun ist es eine »prononcierte Lungenaffection«, die gefürchtete Schwindsucht, die M'Pungu – wie der Anatom schreibt – »hinweggerafft« habe. Auf sechs Seiten erläutert Broesike die Details, zerstreut er mögliche Zweifel. Da in den letzten Wochen vor dem Tod des Gorillas nur am Tage Fieber gemessen worden sei, wären die nächtlichen Anfälle nicht weiter aufgefallen und hätten schließlich zum Tode geführt.

Die überraschenden Erkenntnisse interessieren nur noch die Fachleute. Das Thema ist bereits aus den Zeitungen und Journalen verschwunden, die Aufregung um M'Pungu hat sich gelegt. Und doch gibt es ein kleines Nachspiel, entlässt uns diese Geschichte nicht ganz. Vieles ließe sich noch erzählen; von den neuen Menschaffen des Aquariums zum Beispiel oder der wachsenden Konkurrenz des Zoologischen Gartens, von den Sitzungen der Anthropologen oder von Julius Falkenstein, der im Mai 1880 seine schöne Verlobte heiratet. Am Ende jedoch ist es ein anderes Bild, das unsere Aufmerksamkeit fesselt und alles zusammenführt. Ausgerechnet in der zweiten Auflage von »Brehms Thierleben«, dem weltberühmten Mehrbänder des Aquariumgründers, wird ein Holzstich gedruckt, dessen Motiv sämtliche Widersprüche in sich vereint.[43] Die Abbildung stammt, wie viele der Zeichnungen, von Gustav Mützel, der M'Pungu oft beobachtet und porträtiert hat. Diesmal aber kombiniert er verschiedene Szenen, fasst er mehrere Vorlagen zusammen. Während wir im Vordergrund den schlafenden Menschenaffen aus den ersten Tagen in Chinchoxo erkennen, hockt hinter ihm der gewaltige Gorilla aus Du Chaillus Schilderungen. Es ist eine Szene, die in ihren Gegensätzen die Vorstellung der Öffentlichkeit über Jahrzehnte bestimmen wird. Das kleine Jungtier und sein ins monströse verzerrtes Altersbild existieren nun nebeneinander. Dass diese Illustration auch in der nächsten Auflage und sogar farbig erscheint, dürfte mehr als nur Zufall sein. Denn der Bearbeiter der neuen Bände heißt Eduard Pechuël-Loesche. Der alte Reisegefährte von Falkenstein, das Mitglied der Deutschen Expedition zur Erforschung Äquatorial-Afrikas, hat somit dafür gesorgt, dass M'Pungu in Bild und Text weiterlebt und dass ihn die Leser nicht vergessen werden [Abb. S. 99].

In den zoologischen Gärten aber bleibt der Gorilla zunächst eine seltene Trophäe. Seine Haltung gilt als schwierig und meist sterben die Tiere in kurzer Zeit. Noch 1906 berichtet ein Frankfurter Zoologe, dass es unmöglich sei, sie über längere Zeit zur Schau zu stellen. Der Gorilla Bobby, den der Berliner Zoo 1928 erwirbt, wird schon deshalb berühmt, weil er die Gefangenschaft sieben Jahre lang überlebt. Auch die Erforschung der Gorillas macht nur zögernde Fortschritte. Erst in der zweiten Hälfte des 20. Jahrhunderts erfährt die Öffentlichkeit durch die Feldstudien von George Schaller und Dian Fossey Genaueres über das natürliche Verhalten der Tiere. Ihre komplizierten Gruppenstrukturen, die Art der Kommunikation oder des Lernens – all das ist bis dahin weitgehend unbekannt. Heute, wo es schon fast zu spät ist und die Zahl der Gorillas dramatisch zurückgeht, sind ganze Forschungsgruppen mit ihnen befasst. So beweist die Geschichte von M'Pungu am Ende auch, wie lange wir gebraucht haben, diese so spät entdeckten Urwaldbewohner besser zu verstehen und sie als dass zu sehen, was sie sind: unsere sanften und faszinierenden Verwandten.

Wie auf viele interessante Themen, so bin ich auch auf die Ereignisse um M'Pungu durch einen Zufall gestoßen. Das heißt nicht, dass mich das Schicksal der nach Europa gebrachten Menschenaffen nicht schon seit Jahren beschäftigt hätte. Alles begann Anfang 2002 und im Leipziger Zoo. Gemeinsam mit Jörg Junhold, dem Direktor des Zoos, schrieb ich damals an einer Jubiläumspublikation. Obwohl das Unternehmen über ein eigenes Archiv verfügte, wurde es selten benutzt und lag auf verschiedene Räume verteilt. Aus diesem Grund mussten manche der Dokumente mühsam herbeigeholt werden. So kam es, dass ich einerseits bereits an dem Text arbeitete und andererseits immer neue Unterlagen erhielt. Darunter befand sich auch ein kleines Plakat mit einem Orang-Utan. Drohend aufgerichtet schaute er geradewegs auf den Betrachter, wobei sein geöffnetes Maul eine Reihe furchterregender Zähne entblößte. Das abgebildete Exemplar gehörte zu einer Gruppe von vier ausgewachsenen Menschenaffen, die der Zoogründer Ernst Pinkert nach 1893 in Europa zur Schau gestellt hatte. Die Größe der Orang-Utans übertraf die kühnsten Erwartungen. Dass solch eindrucksvolle Wesen überhaupt existierten, wusste man im 19. Jahrhundert bestenfalls aus Reiseberichten. Überall, wo sie gezeigt wurden, strömten die Neugierigen herbei, allein in Paris kamen Hunderttausende. Eben damit hatte der Leipziger Zoodirektor gerechnet. Denn das Risiko einer so gewagten Investition lohnte nur unter bestimmten Voraussetzungen. Bereits die ersten beiden Exemplare hatten je zehntausend Mark gekostet, viel Geld, das wieder eingespielt werden musste. Da ich von Ernst Pinkert fasziniert war, stellte ich seinen Geschäftssinn in den Vordergrund der Darstellung. Erst später wurde mir klar, dass es noch eine andere, weit radikalere Sicht auf die damaligen Ereignisse gab.

Beim Durchblättern der alten Zeitungsberichte fiel mir die Wortwahl der Kommentatoren auf. Die Orang-Utans wurden nicht nur beschrieben und abgebildet, sondern auch dämonisiert. Da war von »unheimlichen und bösartigen Kreaturen« die Rede, dort von »finsteren Gestalten aus dem Dunkel des Urwalds«. Und was sollte man davon halten, wenn der Autor einer »Naturwissenschaftlichen Wochenschrift« von »Riesenscheusalen« sprach, die in ihrer »wahrhaft unheimlichen Größe und Massigkeit« noch jeden Besucher das Gruseln gelehrt hätten? Ernst Pinkert, das wusste ich, hatte die Menschenaffen von Schiffsoffizieren und Mittelsmännern erworben, mit denen er seit längerem in Verbindung stand. In Antwerpen wurden die ersten Affen an Land gebracht und bereits zwei Tage darauf in Brüssel gezeigt. Ganz ähnlich verliefen die nächsten Ankäufe. Der Zoodirektor eilte nach Liverpool und nach Hamburg, wo er die Tiere von den Dampfern übernahm und so schnell wie möglich zur Schau stellte. Dabei war jedem der Beteiligten klar, dass die Orang-Utans nur kurze Zeit überleben würden, dass die Wahrscheinlichkeit, sie länger als ein halbes Jahr präsentieren zu können, gering war.

In der Tat starben die von Brüssel nach Paris überführten Tiere innerhalb von drei Wochen. Im offenen Wagen hatte man sie am 28. Dezember 1893 vom Gare du Nord durch die dunklen Straßen der Stadt gefahren. Ich versuchte, mir das Bild vorzustellen: die großen, noch in Leipzig gefertigten Transportkäfige, die Pferdefuhrwerke, das Erstaunen der Passanten, die schattenhaften Körper hinter den Gitterstäben. An den folgenden Tagen sprach ganz Paris von den »Pinkertschen Orang-Utans«, drängelten sich die Besucher in der Neuen Galerie des Jardin d'Acclimatation. Die beiden ausgewachsenen Männchen schienen da schon am Ende ihrer Kräfte zu sein und zeigten alle Anzeichen einer Lungenentzündung. Für den Leipziger, der die Tiere nach Wilhelm Busch's Kinderbuch Max und Moritz genannt hatte, war der Ausflug in die französische Hauptstadt gleichwohl ein gutes Geschäft. Noch die Kadaver der Affen wurden teuer verkauft und dienten Wissenschaftlern zu Forschungszwecken.

Wie die Schaustellungen begonnen hatten, so endeten sie auch: Der Star der letzten Orang-Utan-Gruppe, der »mannsgroße Jumbo«, verstarb 1895. Sein Leichnam wurde geöffnet, und die Ergebnisse der Untersuchungen füllten die Seiten mehrerer Fachzeitschriften. Für mich aber war Jumbo von anderer Bedeutung. Noch zu Lebzeiten war er porträtiert und später auch nachgebildet worden. Seine wild bewegte Skulptur, eine Arbeit des Bildhauers und Liebermann-Freundes August Gaul, befindet sich heute in Leipzig. Hier, im Museum der Bildenden Künste, hatte ich es mir zur Angewohnheit gemacht, »meinem Affen« von Zeit zu Zeit einen Besuch abzustatten. Und fast immer, wenn ich in dem frei zugänglichen und in seiner Dimension viel zu großen Raum stand, empfand ich das Bedürfnis, das Schicksal der Orang-Utans noch einmal zu beschreiben. Wer hatte die Geschichte in Gang gesetzt und was sie vorangetrieben? Wie viele der Orang-Utans waren bereits während der Jagd oder auf der

Überfahrt gestorben? Und auf welche Weise konnte ich heute darüber berichten, wo das Überleben der Menschenaffen so grundsätzlich in Frage steht?

Schließlich stieß ich auf einen Artikel aus der Zeitschrift »Der Zoologische Garten«. In ihm schilderte der Direktor des Berliner Aquariums die Fahrt eines kleinen Gorillas über den Ärmelkanal. Es war eben jener Bericht, der von den »Triumphen« M'Pungus in London handelte. Obwohl ich die Schilderung für übertrieben hielt, war meine Neugier geweckt. Neben der literarischen Qualität mancher Texte, die ich nun las, berührte mich vor allem das Mitgefühl, das man dem Gorilla entgegengebracht hatte. Ob in Afrika oder Europa, stets war er nach Kräften beschützt und geborgen gewesen. Auch in seinem Fall – das ließ sich nicht leugnen – ging es um Geld und um wissenschaftlichen Ehrgeiz, um Herrschaft und Inbesitznahme. Doch während ich bei der Behandlung der »»Pinkertschen Riesenaffen« jede Empathie vermisst hatte, wurde sie dem kleinen Gorilla in reichem Maße zuteil. Sollte mir seine Biographie einen neuen Zugang zu dem schon beiseitegelegten Thema eröffnen? War es möglich, doch noch über Menschenaffen zu schreiben?

Im April 2010 stand ich an einem Nebeneingang des Museums für Naturkunde in Berlin. Eine junge Assistentin, Saskia Jancke, führte mich wenig später durch ein Labyrinth von Räumen und Korridoren, bis wir vor einem grauen Stahlschrank haltmachten. Ganz rechts, im untersten Fach des Schranks, sah ich dann das Skelett von M'Pungu. Es war winzig und kaum größer als die Kartons, die mit Knochen gefüllt neben ihm lagen. Wie durch das plötzliche Licht erstarrt, hockte der beinerne Gorilla in seiner Ecke und wog leicht in der Hand, als ich ihn schließlich herausnahm. An seinem Schädel hing ein Schild mit der Jahreszahl 1876 und dem Namen von Julius Falkenstein. Mit den anderen Exponaten der zoologischen Universitätssammlung musste das Skelett in das 1889 eröffnete Museum für Naturkunde gekommen sein, um im dunklen Winkel Jahrzehnte zu überdauern. Dass ich es nun in der Hand hielt, war verwirrend. Was immer ich in den vergangenen Monaten über M'Pungu und die deutsche Expedition an die Westküste Afrikas, über das Aquarium »Unter den Linden« und die Reise des Gorillas nach England erfahren hatte – erst in diesem Moment schien aus der Fülle der Literatur eine Geschichte zu werden.

Dank

Bereits bei der Idee zu diesem Text wollte ich vor allem von M'Pungu erzählen und der Kraft seiner ungewöhnlichen Lebensgeschichte vertrauen. Bei Interpretationen, die den Fluss der Erzählung gestört hätten, habe ich deshalb Zurückhaltung geübt, und eine Arbeit für die kleine Gemeinschaft der Spezialisten war nie mein Ziel. Dennoch bin ich zahlreichen Wissenschaftlern zu Dank verpflichtet. Ohne ihre Unterstützung wäre dieses Buch so nicht entstanden. Das betrifft zunächst Lothar Dittrich und Dietmar Stübler, Harro Strehlow und Lothar Stein. Mit Materialien und Ratschlägen haben mich darüber hinaus Lothar Diez, Marie-Eva Gamblin, Klaus Gille, Sabine Grunwald, Ingeborg Haikal, Saskia Jancke, Lisa Kaufmann, Ursula Klös, Frank Morgenstern, Bruno Schelhaas, Sibylle Stockmann, Julia Wicke, Christa Winkler und in besonderem Maße Jan Hoyer unterstützt. Ihnen allen sowie meiner lieben Frau Marlies sei an dieser Stelle herzlich gedankt.

Kurzbiographien

Barnum, Phineas Taylor (1810–1891); berühmter US-amerikanischer Schausteller und Zirkuspionier, der sich auch in verschiedenen politischen Funktionen engagierte.

Bartlett, Abraham Dee (1812–1897); englischer Zoologe und Taxidermist (Präparator), war von 1859 bis zu seinem Tode Superintendent des Londoner Zoos und veröffentlichte zahlreiche Artikel über seine Beobachtungen an Zootieren.

Bastian, Adolf Philipp Wilhelm (1826–1905); deutscher Ethnologe, Forschungsreisender und Gründungsdirektor des Museums für Völkerkunde (heute Ethnologisches Museum) in Berlin. Bastian studierte Jura, Medizin und Naturwissenschaften. Sein ererbtes Vermögen verwandte er auf ausgedehnte Forschungsreisen, die ihn mehrfach um die Welt führten. Er erwarb sich große Verdienste bei der organisatorischen und theoretischen Begründung der deutschen Ethnologie, war Vorsitzender der Gesellschaft für Erdkunde zu Berlin und initiierte in dieser Funktion auch die Bildung der »Deutschen Gesellschaft zur Erforschung Äquatorial-Afrikas«.

Battel(l), Andrew (um 1565–1614); englischer Pirat, der sich als Gefangener der Portugiesen und als Händler etwa 18 Jahre in Angola aufhielt. Sein abenteuerlicher Reisebericht wurde von dem Geistlichen Samuel Purchas aufgezeichnet und 1613 veröffentlicht. Obwohl sich bereits in diesem Text einige Angaben zum Gorilla finden, enthält erst die zweite wesentlich erweiterte Auflage, die um 1625 erschien, die zitierte Schilderung.

Benn, Gottfried (1886–1956); deutscher Arzt, Dichter und Essayist, gilt als einer der bedeutendsten deutschen Dichter der literarischen Moderne.

Boehr, Max Ludwig August (1830–1879); deutscher Arzt. Nach einer Ausbildung zum und der Betätigung als Militärarzt wurde Boehr »Physicus des Kreises Nieder-Barnim«. Im Berliner Adressbuch von 1877 ist der gegen Ende seines Lebens zum Königl. Sanitätsrat ernannte Boehr als »Wundarzt und Geburtshelfer« verzeichnet.

Bolau, Heinrich (1836–1920); deutscher Zoologe und Zoodirektor. Bolau, der Naturwissenschaften studiert hatte, war von 1875 bis 1909 Direktor des Zoologischen Gartens Hamburg. In seiner Studie über »Die menschenähnlichen Affen des Hamburger Museums«, die er 1876 gemeinsam mit dem Anatomen Adolf Pansch (1841–1887) verfasste, beschäftigte er sich fast ausschließlich mit dem Gorilla.

Boucourt, Marie-Firmin (1819–1904); französischer Zoologe, Forschungsreisender und Zeichner; Mitarbeiter des Muséum national d'Histoire naturelle.

Bodinus, Heinrich Karl August (1814–1884); deutscher Arzt, Zoologe und Tiergärtner. Arbeitete nach dem Studium zunächst als Arzt, ehe ihm 1859 die Leitung des im Aufbau befindlichen Kölner Zoos übertragen wurde. Im Juni 1869 erhielt er einen Ruf als Zoodirektor nach Berlin, wo er den Zoologischen Garten erfolgreich umgestaltete.

Brandes, Georg Morris Cohen (1842–1927); dänischer Literaturkritiker, Philosoph und Schriftsteller. Brandes lebte von 1877 bis 1883 in Berlin und fasste seine Eindrücke aus dieser Zeit in mehreren Reportagen zusammen, die in Deutschland 1889 auch als Buch erschienen.

Brehm, Alfred Edmund (1829–1884); deutscher Zoologe und Tiergärtner, Schriftsteller und Forschungsreisender. Brehms Name wurde durch sein mehrbändiges und in zahlreichen Auflagen erschienenes Werk »Brehms Thierleben« weltbekannt und zu einem Synonym für populärwissenschaftliche zoologische Literatur. Unter seiner Leitung entstand das Berliner Aquarium »Unter den Linden«, dem er von 1869 bis 1873/74 als Direktor vorstand.

Broesike, Gustav (1853–1923); deutscher Mediziner und Anatom. Broesike, der in Königsberg und Berlin Medizin studierte, diente zwei Jahre in der türkischen Armee, ehe er 1877 Assistent am Anatomischen Institut der Berliner Universität wurde. Er sezierte nicht nur M'Pungu, sondern auch weitere im Aquarium »Unter den Linden« gestorbene Menschenaffen. Im Jahr 1918 erhielt er den Professorentitel.

Buckland, (Francis Trevelyan) Frank (1826–1880); englischer Chirurg und Journalist. Buckland, der in Oxford studiert hatte, erreichte mit seinen populären Büchern, etwa den »Curiosities of Natural History« ein breites Lesepublikum. Er war zudem Herausgeber der Zeitschrift »Land and Water« und interessierte sich vor allem für Fische und andere Meeresbewohner.

Darwin, Charles Robert (1809–1882); englischer Naturforscher und Weltreisender, der mit seiner Evolutionstheorie das bestehende Weltbild nachhaltig veränderte. Seine 1859 veröffentlichte Arbeit »On the Origin of Species by Means of Natural Selection, or the Preservation of Favoured Races in the Struggle for Life« gilt als eines der wichtigsten Werke der Wissenschaftsgeschichte.

Du Chaillu, Paul Belloni (1831/oder 1835–1903); französisch-amerikanischer Afrikaforscher. Du Chaillu war der Sohn eines Pariser Kaufmanns, der in Westafrika Handel trieb. Sein Reisebericht »Explorations and adventures in Equatorial Africa« erregte aufgrund der Gorillaschilderungen weltweites Aufsehen. Da die Wahrhaftigkeit seiner Berichte angefochten wurde, unternahm er 1863 eine zweite Expedition. Die Jahre 1871 bis 1878 verbrachte er in Schweden, Lappland und Nordfinnland, worüber er wiederum mehrere Bücher schrieb.

Dürigen, Bruno (1853–1930); deutscher Geflügelkundler. Dürigen war Autodidakt und schrieb über zahlreiche zoologische Themen. Er veröffentlichte unter anderem ein zweibändiges Hand- und Lehrbuch zur Geflügelkunde und arbeitete viele Jahre als Redakteur naturwissenschaftlicher Zeitschriften.

Falkenstein, Julius August Ferdinand (1842–1917); deutscher Arzt und Afrikaforscher. Falkenstein, dessen Vater gleichfalls Arzt war, besuchte das Französische Gymnasium in Berlin und studierte Medizin an der Pépinière. Als Militärarzt nahm er am Preußisch-Österreichischen Krieg 1866 und am Deutsch-Französischen Krieg 1870/1871 teil und gehörte von 1873 bis 1876 zur Loango-Expedition der »Deutschen Gesellschaft zur Erforschung Äquatorial-Afrikas«. Nach seiner Rückkehr durchlief er die üblichen Etappen eines preußischen Stabsarztes und betrieb ab 1890 eine Privatpraxis in Berlin.

Fischer, Johann von (1850–um 1901); deutscher Zoologe und einer der Gründer der Terrarienkunde; Fischer, über den wenig bekannt ist, lebte um 1876/77 in Gotha, wo er offenbar eine Tierhandlung betrieb. Nach 1880 war er Direktor des Düsseldorfer Tierparks und später Direktor des »Laboratoire d' Erpétologie« in Montpellier. Er veröffentlichte ein Handbuch über die Terrarienkunde, das 1884 erschien.

Fossey, Dian (1932–1985); US-amerikanische Verhaltensforscherin und Umweltschützerin. Fossey wurde mit ihren Feldstudien über Berggorillas sowie durch die Verfilmung ihrer Lebensgeschichte (»Gorillas in the Mist«) weltberühmt und setzte sich bis zu ihrer nie aufgeklärten Ermordung für den Schutz der Tiere in ihrer natürlichen Umgebung ein.

Frémiet, Emmanuel (1824–1910); bedeutender französischen Bildhauer des 19. Jahrhunderts. Er schuf eine Vielzahl von Tierskulpturen im Stil des Naturalismus und Neoklassizismus, darunter zwei Gorillaplastiken (1859 und 1887).

Freytag, Karl (1831–1908); deutscher Zootechniker und Agrarwissenschaftler. Freytag war zunächst Verwalter eines landwirtschaftlichen Gutes, das er auch für wissenschaftliche Zwecke nutzte. Ab 1875 unterrichtete er als außerordentlicher Professor an der Universität Halle Tierzuchtlehre und landwirtschaftliches Rechnungswesen. Vor dem »Naturwissenschaftlichen Verein für Sachsen und Thüringen« berichtete er 1877 über seinen Besuch bei M'Pungu.

Gaul, August Georg (1869–1921); deutscher Tierbildhauer. Nachdem Gaul 1890 eine Freikarte für den Berliner Zoo gewonnen hatte, betrieb er dort über Jahre hinweg Zeichenstudien und schuf mehrere Plastiken des Orang-Utans Jumbo. Bei dem von ihm im Stil des Neobarock geschaffenen »Laufenden Orang-Utan« handelt es sich um einen Abguss, der nach dem Tode des Künstlers von einer Gipsplastik im Museum für Naturkunde Berlin angefertigt wurde.

Geoffroy Saint-Hilaire, Isidore (1805–1861); französischer Zoologe, ab 1841 Professor am Muséum national d'Histoire naturelle und ab 1850 an der Pariser Universität. Anhand der nach Frankreich überführten Gorillapräparate erkannte Geoffroy Saint-Hilaire 1852, dass es sich beim Gorilla um eine eigene Gattung handelt. Er gründete 1860 in Paris den Jardin d'Acclimatation.

Gerlach, Christian Andreas (1811–1877); deutscher Veterinärmediziner. Gerlach war zunächst in Hannover und ab 1870 in Berlin Professor für Veterinärmedizin und Direktor der Tierarzneischule.

Güßfeldt, Paul Richard Wilhelm (1840–1920); deutscher Geograph, Forschungsreisender und Alpinist. Nach dem Besuch des Französischen Gymnasiums zu Berlin studierte Güßfeldt Mathematik und Naturwissenschaften und arbeitete, nachdem er sich 1868 habilitiert hatte, als Privatdozent. Am Deutsch-Französischen Krieg nahm er als Freiwilliger teil. Anfang 1873 wurde Güßfeldt mit der Leitung der Loango-Expedition beauftragt. Im Sommer 1875 nach Deutschland zurückgekehrt, unternahm er mehrere Forschungsreisen und als hervorragender Alpinist zahlreiche Erstbesteigungen (so in den Anden). Im Jahr 1892 wurde er zum Professor am Orientalischen Seminar der Universität in Berlin berufen.

Hagenbeck, Carl Gottfried Wilhelm Heinrich (1844–1913); deutscher Wildtierhändler, Völkerschauveranstalter und Zoodirektor. Hagenbeck, der außerordentliche Popularität genoss, revolutionierte die Zooarchitektur durch die Erfindung panoramaartiger Freigehege in seinem 1907 eröffneten Tierpark Hamburg-Stellingen.

Halwas, Adolf Johann Gustav (1836 – um 1919); deutscher Fotograf. Halwas machte sich bereits im Deutsch-Dänischen Krieg 1864 einen Namen als »Ereignisfotograf«. Anfang 1877 eröffnete er ein Atelier in der Friedrichstraße 185. Er war Mitglied des »Photographischen Vereins« von Berlin und führte den Titel eines Hoffotografen des Herzogs von Sachsen-Meinigen. Er galt als gewissenhaft und kunstfertig und arbeitete auch als Porträt-, Architektur- und Theaterfotograf.

Hanno (vor 480 v. Chr.– 440 v. Chr.); auch Hanno der Seefahrer genannt, war ein karthagischer Herrscher und Admiral, der um das Jahr 470 v. Chr. (nach anderen Quellen erst dreißig bis fünfzig Jahre später) entlang der afrikanischen Westküste vermutlich bis in den Golf von Guinea segelte, um neue Handelswege zu erschließen. Sein Reisebericht (»Periplus«) ist in einer griechischen Übersetzung überliefert.

Hartmann, Robert Karl Eduard (1831–1893); deutscher Mediziner, Zoologe, Afrikaforscher und Ethnologe. Als Professor für Anatomie an der Berliner Universität veröffentlichte er unter anderem eine Reihe von zusammenfassenden Arbeiten über Menschenaffen, so die 1880 erschienene Monographie »Der Gorilla. Zoologisch-Zootomische Untersuchungen«.

Hermes, Otto (1838–1910); Pharmazeut, Chemiker und Politiker. Hermes entwickelte ein Verfahren zur künstlichen Herstellung von Meerwasser, das erstmals im Berliner Aquarium »Unter den Linden« zur Anwendung kam. Als Nachfolger von Alfred Brehm leitete Hermes das Aquarium von 1874 bis zu seinem Tode, wobei er nicht nur den Gorilla M'Pungu, sondern auch weitere Menschenaffen zur Schau stellte. Als liberaler Politiker (Deutsche Fortschrittspartei/Deutsche Freisinnige

Partei) war er ab 1881 fast drei Jahrzehnte Mitglied des Deutschen Reichstags und schon zuvor Mitglied des Preußischen Landtages und Stadtverordneter von Berlin.

Hirschfeld, Paul (Lebensdaten unbekannt); deutscher Schriftsteller. Hirschfeld publizierte 1876 für das »Illustrirte Sonntagsblatt«, wo auch sein Beitrag über M'Pungu erschien. Außerdem war er Autor der »Gartenlaube«. Er ist nicht mit dem gleichnamigen Autor zahlreicher volkswirtschaftlicher Publikationen identisch.

Huxley, Thomas Henry (1825–1895); englischer Biologe, Forschungsreisender und Bildungsorganisator. Huxley gehörte zu den einflussreichsten Unterstützern Darwins im Kampf um die Durchsetzung der Evolutionstheorie (»Darwins Bulldogge«). Sein 1863 veröffentlichtes Essay-Buch »Evidence as to Man's Place in Nature« war Ausgangspunkt heftiger Kontroversen zur Abstammungsfrage. Huxley gilt als einer der Hauptvertreter des Agnostizismus, einen Begriff, den er prägte und durchsetzte.

Junhold, Jörg (geb. 1964); deutscher Tierarzt und Zoodirektor. Unter seiner Leitung verwirklicht der Leipziger Zoo gegenwärtig das Konzept »Zoo der Zukunft«. Im Oktober 2011 wurde Junhold zum Präsidenten der World Association of Zoos and Aquariums (WAZA) gewählt.

Kollmann, Arthur (1858–1941); deutscher Mediziner. Kollmann, der als praktischer Arzt, Polizeiarzt und Leiter einer Klinik für Hautkrankheiten arbeitete, schrieb zahlreiche wissenschaftliche Arbeiten und erhielt 1901 eine außerordentlicher Professor für Krankheiten der Harnorgane an der Universität Leipzig. Er gilt als Nestor der deutschen Puppenspielforschung.

Koppenfels, Hugo Kobe von (1834–1884); deutscher Gutsbesitzer und Afrikareisender (»Gorillajäger»). Koppenfels verkaufte sein Gut in der Nähe von Leipzig, um ab 1873 in West- und Zentralafrika Gorillas und andere Großwildtiere zu jagen und ihre Lebensweise zu studieren. Er veröffentliche darüber vielbeachtete Berichte in der »Gartenlaube« und zeigte auf Vorträgen Präparate der von ihm geschossenen Tiere. Hugo von Koppenfels starb an den Folgen einer Verletzung, die er sich auf seiner dritten Afrikaexpedition zugezogen hatte.

Lauer, Gustav Adolph von (1808–1889); preußischer Generalstabsarzt und Leibarzt des preußischen Königs und deutschen Kaisers Wilhelm I. Nach der Ausbildung an der Pépinière stieg der Sohn eines mittelosen evangelischen Pfarrers bis in höchste militärische Ämter auf und wurde 1866 geadelt.

Lenz, Oskar (1848–1925); deutsch-österreichischer Afrikaforscher, Geologe und Mineraloge. Lenz studierte in seiner Heimatstadt Leipzig, wo er auch promovierte. Nach einer Anstellung an der k.k. Geologischen Reichsanstalt in Wien nahm er die österreichische Staatsbürgerschaft an und beteiligte sich ab 1874 an den Expeditionen der »Deutschen-Gesellschaft zur Erforschung Äquatorial-Afrikas« und leitete später zwei weitere Afrikaexpeditionen. Im Sommer 1887 erhielt er eine Professur für Geographie an der Universität Prag.

Leutemann, Heinrich Gottlob (1824–1905); deutscher Tiermaler und Autor. Leutemann studierte an der Leipziger Kunstakademie und arbeitete in der zweiten Hälfte des 19. Jahrhunderts unter anderem für die »Gartenlaube« und die »Illustrirte Zeitung«. Dabei zeichnete er auch M'Pungu und die »Pinkertschen Orang-Utans«. Durch seine Freundschaft mit Carl Hagenbeck war er immer wieder in Hamburg zu Gast, wo er sich vor allem mit Hagenbecks Tier- und Völkerschauen beschäftigte.

Liebermann, Max (1847–1937); deutscher Maler und Grafiker, von 1920 bis 1933 Präsident der Preußischen Akademie der Künste.

Lloyd, William Alford (1826–1880); englischer Buchbinder und Aquarienbauer. Nach seiner Lehrzeit verschrieb sich Lloyd der aufkommenden Aquaristik und erfand eine Vielzahl von technischen Neuerungen, um Schauaquarien betreiben zu können (so Wasserzirkulations- und Belüftungssysteme). Lloyd leitete den Aufbau von Aquarien in Hamburg, Paris, Neapel, London und anderen Städten. Da der Engländer auf einer schlichten architektonischen Ausstattung der Zuschauerräume bestand, lehnte Alfred Brehm die schon vorliegenden Pläne Lloyds für den Bau des Berliner Aquariums ab.

Lüer, Wilhelm Johann Heinrich (1834–1870); deutscher Architekt. Studierte an der Polytechnischen Schule Hannover, wo er 1869 Dozent für Baukunst und Ornamentik wurde. Ein wesentlicher Teil seiner Privataufträge bestand in der Planung und Ausführung tiergärtnersicher Anlagen, so im Zoo von Hannover, dem »Egestorffschen Aquarium« und dem Berliner Aquarium »Unter den Linden«. Sein Baustil war durch die Neogotik und die Verwendung von künstlichen Felspartien und Grotten geprägt. Psychisch erkrankt nahm sich Lüer 1870 das Leben.

Lindner, Otto (1852–1945); deutscher Mechaniker. Lindner war von 1873 bis 1876 Mitglied der deutschen Loango-Expedition, wobei er sich vor allem um die Geräte der Forschungsstation kümmerte. Er kehrte kurze Zeit nach dem Ende der Expedition ins Kongogebiet zurück und arbeitete hier mit Henry Stanley für den belgischen König Leopold II.

Livingston, David (1813–1873); schottischer Missionar und Afrikaforscher. Livingston, der seit 1841 in Afrika lebte, unternahm insgesamt drei große Forschungsreisen. Dabei durchquerte als erster ganz Afrika von Ost nach West, befuhr den Lauf des Sambesi und gab den Viktoriafällen ihren Namen. Die Suche nach dem weltberühmten Entdecker, der ab 1869 als verschollen galt, erregte internationale Aufmerksamkeit.

Meyer, Adolf Bernhard (1840–1911); deutscher Naturwissenschaftler, Forschungsreisender und Anthropologe, ab 1874 Direktor des Königlichen Naturhistorischen Museums zu Dresden. Meyer befasste sich neben seinen Vogelstudien auch mit Primaten, darunter den Menschenaffen. Im sogenannten Mafoka-Streit war er einer der Wortführer für die »Schimpansenthese«.

Mivart, St. George Jackson (1827–1900); englischer Zoologe und katholischer Naturphilosoph. Als Anatom beschäftigte sich Mivart mit vergleichenden Affenstudien und entwickelte sich von einem Anhänger zu einem entschiedenen Gegner der Darwinschen Evolutionstheorie. Seine Bemühungen, die katholische Lehre mit den Naturwissenschaften auszusöhnen, trugen ihn zunächst viel Anerkennung durch die Kirche ein, führten aber später zu seiner Exkommunizierung.

Moore, Thomas John (1824–1892); englischer Kurator und Museumsdirektor. Moore wurde mit 19 Jahren Assistent des 13. Eearl of Derby, eines Politikers, Naturforschers und Kunstsammlers und 1851 Kurator, später Direktor des aus dieser Sammlung hervorgegangenen Free Public Museum of Liverpool (Derby Museum).

Meyerheim, Franz (1838–1880); deutscher Maler. Wie sein Bruder Paul Meyerheim studierte Franz Meyerheim an der Kunstakademie in Berlin. Obwohl auch er Tiere malte, überwogen in seinen von der offiziellen Kunstkritik geschätzten Arbeiten andere Sujets.

Meyerheim, Paul Friedrich (1842–1915); deutscher Maler und Graphiker. Meyerheim besuchte die Berliner Kunstakademie. Er wurde vor allem durch seine präzisen Porträts exotischer Tiere bekannt, die er vorrangig in zoologischen Gärten und Tierbuden (Wandermenagerien) studierte. So reiste er auch nach Dresden, um dort die Schimpansin Mafoka zu malen.

Mützel, Gustav Ludwig Heinrich (1839–1893); deutscher Tiermaler. Mützel studierte an der Berliner Kunstakademie und wurde vor allem für seine Illustrationen zur 2. Auflage von Brehms »Thierleben« bekannt. Er besuchte M'Pungu schon am 3.

Juli 1876 zum ersten Mal im Aquarium »Unter den Linden« und schuf nach Fotomotiven verschiedene Holzstiche und Chromolithographien des Gorillas.

Nachtigal, Gustav (1834–1885); deutscher Mediziner und Afrikaforscher. Nach dem Medizinstudium arbeitete Nachtigal zunächst als Militärarzt. Ab 1863 hielt er sich zur Ausheilung einer Tuberkuloseerkrankung in Nordafrika auf und unternahm in den nächsten Jahren ausgedehnte Forschungsreisen in die östliche Sahara und des Ostteil des Sudan, durch die er international bekannt wurde. Ab 1875 war er Vorsitzender der Afrikanischen Gesellschaft und wurde 1882 zum Generalkonsul von Tunis und 1884 zum Reichskommissar von Deutsch-Südwestafrika ernannt.

Nissle (Nißle), Carl (1839 –?); deutscher Philologe und Historiker. Nissle, über den kaum etwas bekannt ist, veröffentlichte in den 1870er Jahren in der »Gartenlaube«, dem »Zoologischen Garten« und anderen Zeitschriften zahlreiche Artikel über Menschenaffen und die Probleme der Zoos und Aquarien.

Owen, Richard (1804–1892); englischer Zoologe, Anatom und Paläoanthropologe. Nach Charles Darwin gilt Owen als bedeutendster Naturforscher des Viktorianischen Zeitalters. Owen setzte sich für die Errichtung eines eigenen Naturgeschichtsmuseums ein, dessen erster Direktor er war, schrieb eine Vielzahl wichtiger Arbeiten zur vergleichenden Anatomie der Wirbeltiere, darunter der Menschenaffen, und prägte 1841 den Begriff »Dinosauria«.

Pechuël-Loesche, Eduard Moritz (1840–1913); deutscher Geograph, Zoologe und Afrikaforscher. Nach dem frühen Tod der Eltern bereiste Pechuël-Loesche als Matrose der Handelsmarine die Welt, ehe er Naturwissenschaften und Philosophie studierte und mit einer zoologischen Arbeit promovierte. Im Rahmen der Teilnahme an der deutschen Loango-Expedition übernahm er unter anderem die meteorologische Station von Chinchoxo. Zwischen 1882 und 1883 amtierte er als Stellvertreter von Henry Stanley im Kongo und übernahm 1895 eine Professur für Geographie an der Universität Erlangen.

Peters, Wilhelm Carl Hartwig (1815–1883); deutscher Zoologe und Afrikaforscher. Der Sohn eines Pastors studierte Medizin und Naturgeschichte und unternahm von 1842 bis 1847 eine große Studienreise nach Afrika. Ab 1857 leitete Peters, der fast 400 Artikel zu verschiedensten Tierarten schrieb, als Hochschulprofessor das Zoologische Museum der Berliner Universität.

Pinkert, Ernst Wilhelm (1844–1909); deutscher Gastwirt und Gründer sowie langjähriger Direktor des Leipziger Zoos. In den Jahren 1893 bis 1895 stellte Pinkert insgesamt sechs sogenannte Riesen-Orang-Utans zur Schau, von denen vier (Max, Moritz, Anton, Jumbo) aufgrund ihrer Größe und ihrer Backenwülste besondere Aufmerksamkeit erregten.

Rabl-Rückhard, Hermann (1839–1905); deutscher Mediziner und Anatom. Nach der Ausbildung zum Militärarzt erhielt Rabl-Rückhard 1875 eine Assistentenstelle am Anatomischen Institut der Berliner Universität und wurde hier 1884 zum Professor für Anatomie ernannt.

Reichert, Bogislaus Karl (1811–1883); deutscher Physiologe und Anatom; Reichert studierte in Königsberg und Berlin Medizin und nahm an verschiedenen Universitäten eine Professur wahr. Ab 1858 war er Professor an der Berliner Universität. Er gilt als einer der Begründer der modernen Entwicklungsbiologie. Darüber hinaus beschäftigte er sich mit der Anatomie des Gehirns, der Entwicklung des Schädels (auch jenem der Menschenaffen) und der Histologie.

Savage, Thomas Staughton (1804–1880); US-amerikanischer Missionar, Arzt und Naturforscher. Savage wurde 1836 nach Liberia geschickt, wo er als Missionar und Arzt arbeitete und sich nebenbei als Naturforscher betätigte. Bereits 1844 publizierte er gemeinsam mit Jeffries Wymann einen Artikel über Schimpansen. Durch seinen ebenfalls mit Wymann im Dezember 1847 veröffentlichten Beitrag über Gorillas gilt Savage als der wissenschaftliche Entdecker dieser Menschenaffen.

Schaller, George Beals (geb. 1933); US-amerikanischer Zoologe und Umweltschützer. Schaller studierte als erster Wissenschaftler die Berggorillas in freier Wildbahn und veröffentlichte mehrere Bücher, so 1966 »The Year of the Gorilla«.

Schmidt, Max (Maximilian) (1834–1888); deutscher Tierarzt und Zoodirektor. Nach dem Studium arbeitete Schmidt zunächst als Tierarzt und wurde 1859 zum Betriebsdirektor und 1864 zum Direktor des Zoos Frankfurt am Main berufen. Durch eine Vielzahl von Publikationen trug er zur Entwicklung von Grundlagen einer wissenschaftlichen Tierhaltung bei. Darunter befanden sich auch Artikel über Menschenaffen und ein Buch über die Krankheiten der Affen, das 1870 erschien. Ab 1885 war Schmidt Direktor des Berliner Zoos.

Schoepf, Alwin (1823–1881); deutscher Apotheker und von 1861 bis zu seinem Tod Inspektor bzw. Direktor des Dresdner Zoos.

Schweinfurth, Georg (1836–1925); deutscher Botaniker und Afrikaforscher. Schweinfurth studierte Botanik und Paläontologie und unternahm ab 1863 ausgedehnte Forschungsreisen nach Afrika, die ihn unter anderem ins obere Nilgebiet und in den Kongo führten. Seine Berichte über Pygmäen und Kannibalen erregten große Aufmerksamkeit. Schweinfurth engagierte sich auch für die Errichtung eines deutschen Kolonialreichs.

Soyaux, Herman (1852– nach 1928); deutscher Botaniker, Afrikaforscher und Leiter einer Siedlungskolonie in Brasilien. Nach dem Botanikstudium wurde Soyaux Mitglied der deutschen Loango-Expedition und traf im Januar 1874 in der deutschen Forschungsstation Chinchoxo ein. Im 1875 unternahm er eine Reise in das Innere von Angola. Nach seiner Rückkehr nach Europa veröffentlichte er mehrere Bücher, ging 1879 für längere Zeit nach Gabun und 1888 nach Brasilien, wo er offenbar den Rest seines Lebens verbrachte.

Stanley, Henry Morton (1841–1904); britisch-amerikanischer Journalist und Afrikaforscher. Wurde durch seine Suche nach David Livingston und durch die rücksichtslose Kolonisierung des Kongo bekannt.

Thomas, Friedrich (Geburtsdatum unbekannt – um 1899); deutsche Bildhauer. Thomas betrieb ein Atelier in der Oranienstraße 124 und errichtete 1884 eine Villa in Waren (Müritz), wo er unter anderem mit der Familie von Theodor Fontane Bekanntschaft schloss.

Viereck, Wilhelm (1849–1924); deutscher Tierpfleger. Nach den Berliner Adressbüchern arbeitete er von 1875 bis 1879 für das Aquarium »Unter den Linden« und war gemeinsam mit seiner Frau für die Pflege M'Pungus verantwortlich.

Virchow, Rudolf Ludwig Karl (1821–1902); deutscher Arzt, Archäologe und Politiker, Begründer der modernen Pathologie. Virchow, der vor allem an der Berliner Universität lehrte, gilt als Vertreter einer streng naturwissenschaftlichen und sozial ausgerichteten Medizin und als einer der bedeutendsten modernen Mediziner überhaupt. Zu seinen zahlreichen Arbeitsfeldern gehörten unter anderem die Anthropologie und die Ethnologie, wobei er sich auch mit dem Schädelbau von Menschen und Menschenaffen beschäftigte.

Ward, Rowland (1835–1912); englischer Taxidermist (Präparator). Ward, der das Handwerk von seinem Vater erlernt hatte, eröffnete um 1872 in London eine eigene Werkstatt und gehörte zu den führenden Taxidermisten vor dem Ersten Weltkrieg. Er gestaltete zahlreiche Ausstellungen und schrieb mehrere Bücher, so unter anderem über die Jagd auf Wildtiere.

Waterton, Charles (1782–1865); englischer Naturforscher, Reisender und Exzentriker. Waterton, der immer wieder durch unkonventionelle Ideen und Verhaltensweisen auffiel, machte sich zunächst durch Reisebeschreibungen (Britisch-Guayana und Brasilien) einen Namen. Später gründete er auf seinem Landsitz in Walton Hall das vermutlich erste Naturreservat der Welt. Die Beobachtungen an dem Gorilla Jenny erschienen 1857 im dritten Band seiner »Essays on Natural history«.

Wickersheimer, Jean Georg (1832–1896); deutscher Präparator. Wickersheimer, der aus Straßburg stammte, absolvierte zunächst eine Tischlerlehre in Paris und wurde später in Berlin Diener am Anatomischen Institut der Universität, wo er 1878/79 zum Präparator aufstieg und sich mit einem Patent »Zur trockenen Conservierung und zur nassen Aufbewahrung organischer Gegenstände« einen Namen machte.

Wilson, John Leighton (1809–1886); US-amerikanischer Missionar und Sekretär »of the board of foreign missions of the Presbyterian church«. Wilson lebte und arbeitete viele Jahre in Afrika, so unter anderem an der Küste Gabuns, wo er im Frühjahr 1847 Thomas S. Savage beherbergte und ihm einen nur Monate zuvor erworbenen Gorillaschädel zeigte. In seinen Memoiren behauptete er daher, als erster die Aufmerksamkeit der Naturforscher auf diesen Menschenaffen gelenkt zu haben.

Wolf, Joseph (1820–1899); deutsch-englischer Tiermaler. Wolf, der häufig als bedeutendster Tiermaler des 19. Jahrhunderts bezeichnet wird, porträtierte im Auftrag von Richard Owen auch einen großen Gorillakadaver, der 1858 in einem Fass mit Alkohol nach London gebracht worden war.

Wymann, Jeffries (1814–1874); US-amerikanischer Naturwissenschaftler und Anatom. Wymann studierte mehrere Jahre in Europa (unter anderem bei Richard Owen) und war von 1847 bis zu seinem Tode Professor für Anatomie am Harvard College.

Anmerkungen

1 The The strange adventures of Andrew Battell of Leigh, in Angola and the adjoining regions, reprinted von »Purchas his Pilgrimes«, London 1901, S. 55.

2 Vgl. Boston Journal of Natural History, Vol. V, No. IV, December 1847. Schon im August 1847 war die Entdeckung von Thomas S. Savage in derselben Zeitschrift mit einer kurzen Mitteilung kommuniziert worden.

3 Während man im 19. Jahrhundert oft von einer Verwechslung des Begriffs »Gorilla« mit dem der »Gorgonen« ausging, wissen wir heute, dass er der Sprache der Hausa-Fulani entstammt und so viel wie kleiner Mann oder Pygmäe bedeutet.

4 Die Tatsache, dass Frémiet in seiner Arbeit ein weibliches Tier darstellte, trug nicht dazu bei, den Skandal zu vermeiden. Die Plastik ist nur auf zwei Fotos überliefert, die im Musée d'Orsay, Paris, aufbewahrt werden.

5 Vgl. dazu die sehr aufschlussreiche Arbeit von Julia Voss: Darwins Bilder. Ansichten der Evolutionstheorie 1837–1874, Frankfurt am Main 2007, S. 240f., 291 ff.

6 Du Chaillu, Paul: Reisen in Zentralafrika, Berlin 1862, S. 37 f.

7 Waterton, Charles: Essays on Natural History, Third Series, London 1857, S. 65 f.

8 Die Zoologin und Filmemacherin Karen Partridge erarbeitete für die BBC 2009 ein Radiofeature, in dem sie der Geschichte von Jenny nachging.

9 Die Abbildung des Gorillas ist auf den 12. Oktober 1875 datiert. Neben dem Album »Die Loango-Küste in 72 Original-Photographien (35 Blatt) nebst erläuterndem Texte von Dr. Falkenstein, Berlin 1876«, erschien im gleichen Jahr ein noch selteneres Album in drei Lieferungen, das den Mitgliedern der »Deutschen Gesellschaft zur Erforschung Äquatorial-Africas« vorbehalten war. Auch in ihm befinden sich zwei Fotografien M'Pungus.

10 Die Geschäftsräume der Gesellschaft, die sich zum großen Teil aus Wissenschaftlern und Kaufleuten, Beamten und Ärzten zusammensetzte, befanden sich in der von der Gesellschaft für Erdkunde zu Berlin für ihre Bibliothek angemieteten Wohnung in der Kronenstraße 21 und ab April 1874 in der Krausenstraße 42.

11 Erst später erhöhte der Kaiser diesen aus seinem Dispositionsfond gezahlten Betrag von 1000 auf 25 000 Taler, die dann, da sie mehrfach gewährt wurden und den größten Teil der Kosten abdeckten, aber aufgrund der fehlenden Rechtsverbindlichkeit keine längerfristige Kalkulation ermöglichten.

12 Nach Deutschland zurückgekehrt, veröffentlichte Adolf Bastian 1875 einen zweibändigen Expeditionsbericht über seine Reise, in dem er das Gorillathema noch einmal aufgriff und folgendes schrieb: »In der Station Chicambo hielt Herr Alcantara für vier Monate einen jungen Gorilla (Pongo), der (wie er erzählte) nach kurzer Zeit bereits völlig zutraulich und eingewöhnt wurde, Feuer aus der Küche brachte, aufrecht am Tische stand, sich mit einer Mütze bedeckte, Nachts in einem Mattenbett schlief, und wenn dieses fehlte, durch Geschrei danach verlangte.« Bastian, Adolf: Die deutsche Expedition an der Loango-Küste, Bd. 1, Jena 1875, S. 245.

13 Die beste Übersicht zur Geschichte der Expedition bietet Beatrix Heintze. Vgl. Quellen- und Literaturverzeichnis.

14 Vgl. Correspondenzblatt der Afrikanischen Gesellschaft, Nr. 15, Berlin 1875, S. 256.

15 In der Sprache der Bavili (Sprachgruppe der Bantu) bezeichnet »Mpungu«, denjenigen, der die Herrschaft oder die absolute Macht hat. Ein »Mpungu«, das heißt ein Gorilla, ist demnach ein König des Waldes.

16 Der Brief wurde im Korrespondenzblatt der Afrikanischen Gesellschaft (Berlin 1876, S. 304–307) und auszugsweise auch in der Zeitschrift für Ethnologie (Berlin 1876, S. 60 f.) veröffentlicht.

17 Allerdings hat es noch frühere, heute nicht mehr auffindbare Fotografien lebender Gorillas gegeben, so die Aufnahme von Jenny aus dem Jahr 1855/1856, die eines englischen Händlers in Gabun aus der Zeit kurz nach 1861 und jene von Paul Du Chaillu aus dem Jahre 1867.

18 Obwohl der vermutlich sehr kurze Brief von Charles Darwin nicht im »Darwin Correspondence Project« aufgelistet ist, gibt es keinen Grund, an den Angaben von Julius Falkensteins zu zweifeln. Falkenstein war für eine bloße Erfindung des von ihm mehrfach wiederholten Sachverhaltes zu seriös.

19 Dies Angaben beziehen sich auf die Zeit um 1876. Zuvor hatten junge Schimpansen auch mehr gekostet, später sanken ihre Preise zum Teil beträchtlich.

20 Der Brief von Nachtigal war eine Zeitlang in Auszügen im Internet einzusehen, ehe er von der Kotte Autographs GmbH an einen unbekannten Interessenten verkauft wurde. Leider scheiterten meine Versuche, mit dem Käufer in Kontakt zu treten.

21 Die veröffentlichten Angaben über Otto Hermes sind im Details widersprüchlich. Am genauesten wurde die Biographie 1987 von Harro Strehlow zusammengefasst. Im Archiv der Leopoldina befindet sich zudem ein kurzer Fragebogen, den Hermes bei seinem Eintritt in die Akademie 1893 handschriftlich ausgefüllt hat. In ihm steht u.a., dass sein Vater der Gutsbesitzer Carl Hermes in Meyenburg war, er das Real-Gymnasium in Perleberg besuchte, von 1858 bis 1862 in Jena und Berlin studierte und 1866 in Leipzig promovierte. Die chemische Fabrik, die Hermes von 1864 bis 1871 besaß, befand sich in der Ritterstraße 35. Als liberaler Abgeordneter kämpfte er beispielsweise gegen die Diskriminierung von Juden in der Armee, für die Entwicklung der Hochseefischerei und für den Vogelschutz.

22 Vgl. dazu die zahlreichen Artikel von Harro Strehlow, der sich intensiv mit der Geschichte des Aquariums »Unter den Linden« auseinandergesetzt hat. Das Aquarium selbst hieß damals nur Berliner Aquarium, wird aber heute allgemein als Aquarium »Unter den Linden« bezeichnet.

23 Allerdings besaßen auch die umherziehenden Wandermenageristen in seltenen Ausnahmefällen Schimpansen oder Orang-Utans. Ob diese in Berlin zur Schau gestellt wurden, ist unbekannt.

24 Alfred Brehm gab an, dass sich schon bei gleichzeitig 800 Besuchern um die Volieren und Schaubecken des Aquariums »ein echtes Gedränge« bildete. Demnach dürfte es vor dem Affenkäfig sehr beengt zugegangen sein, ein Eindruck, den auch die überlieferten Zeichnungen vermitteln.

25 Zit. nach Specht, Karl August: Theologie und Wissenschaft oder Alte und neue Weltanschauung, 3. völlig umgearb., verm. und verb. Auflage, Gotha 1878, S. 257.

26 Im Vergleich zu 1875, das bereits als ein sehr gutes Jahr galt, kamen rund 70 000 Besucher mehr. Zu bedenken ist dabei, dass die Einwohnerzahl Berlins damals noch bei etwa 980 000 Personen lag und die Eintrittspreise in das Aquarium relativ hoch waren und nur selten ermäßigt wurden.

27 Hermes, Otto: Der Gorilla und seine nächsten Verwandten. In: Der Zoologische Garten, Nr.1, 1877, S. 58 ff.

28 Ob auch die mitunter abgebildeten Baumstämme zur Ausstattung gehörten, lässt sich schwer beurteilen. In den Reportagen über den Gorilla werden sie nirgendwo erwähnt.

29 Die Abzüge der Fotografien befinden sich im Nachlass von Eduard Pechuël-Loesche im Leibniz-Institut für Länderkunde. Auch der Fotograf Heinrich Lichterfeld hat ein Foto von M'Pungu aufgenommen.

30 So geht aus den Jahrbüchern des »Nassauischen Vereins für Naturkunde« hervor, dass man in Wiesbaden die Gipsbüsten von Molly, dem großen Orang-Utan und von M'Pungu erwarb.

31 Hermes, Otto: Der Gorilla und seine nächsten Verwandten. In: Der Zoologische Garten, Nr. 1, 1877, S. 58 ff.

32 Vgl. Literaturverzeichnis.

33 Fischer, Johannes von: Besuch bei M'Pungu. In: Der Zoologische Garten, Nr. 3, 1877, S. 167.

34 Dem Gesundheitsrat gehörten die Professoren Rudolf Virchow, Christian Gerlach, Karl Bogislaus Reichert, Wilhelm Peters sowie die Doktoren Paul Langerhans und Julius Falkenstein an. Da im Zusammenhang mit den Krankheiten des Gorillas auch Robert Hartmann, Otto Hermes und der Arzt Martini erwähnt werden, belief sich die Expertenrunde auf wenigstens neun Personen.

35 So heißt es über den Schimpansen Tschego, der 1876 im Aquarium »Unter den Linden« starb: »Längere Zeit vor seinem Tode indess ist von seiner Umgebung ein scheusslich stinkender Geruch bemerkt worden, welcher zweifellos aus dem Maule kam. Man sah dann, dass das Zahnfleisch anfing morsch zu werden und bald fielen ihm auch einige Schneidezähne aus, von denen schließlich nur noch wenige stehen blieben, während die Umgebung der Backzähne successive in der Richtung von vorn nach hinten von derselben Erkrankung ergriffen zu werden schien. Der Appetit verlor sich mit der Zeit und es stellten sich ab und zu Diarrhoeen ein. Sonst ein Bild heitersten Lebens, wurde das Thier bald missmuthig, wenngleich sehr resignirt und ergeben in sein trauriges Schicksal. Von Zeit zu Zeit stellten sich heftige Hustenanfälle ein, die sich in den letzten Tagen seines Lebens bedeutend zu vermehren schienen, und am 10. Septembers des Jahres starb das Thier unter heftigsten Erstickungserscheinungen.« Sitzungsberichte der Gesellschaft Naturforschender Freunde zu Berlin, 21. November 1876, Berlin 1876, S. 140.

36 Schneider, H.: Ueber Erhaltung der anthropomorphen Affen. In: Der Zoologische Garten, Nr. 2, Frankfurt am Main 1881, S. 47.

37 Lunze, (Gustav): Der Gorilla des Berliner Aquariums und seine Reise nach London. In: Der Zoologische Garten, Nr. 3, Frankfurt am Main 1878, S. 90 f. Gustav Lunze, der den Bericht von Hermes zusammenfasste, war Mitglied der Berliner Gesellschaft für Anthropologie, Ethnologie und Urgeschichte und veröffentlichte 1877 ein Buch über »Die Hundezucht im Lichte der Darwinschen Theorie«.

38 Ausgewertet wurden rund ein Dutzend Zeitungen und Zeitschriften, darunter »The Examiner«, »The Graphic« und »Lloyd's Weekly Newspaper«. »The Illustrated London News« und »The Illustrated Police News« veröffentlichten zudem Zeichnungen M'Pungus, so eine Arbeit des sehr bekannten Illustrators und Malers John Gilbert (1817–1897). Eine weitere Abbildung M'Pungus erschien 1886 in Nott, John Fortuné: Wild animals photographed and descriped, London 1886, S. 536.

39 Buckland, Frank: Notes and Jottings from Animal Live, London 1882, S. 11.

40 Punch, 4. August 1877, S. 41. Die Karikaturen stammen von Edward Linley Sambourne (1844–1910).

41 Vgl. Maire, Ernst: Der Gorilla, Berlin 1877. Ob es sich bei Ernst Maire, der sonst nirgendwo in Erscheinung trat, um ein Pseudonym handelt, konnte nicht in Erfahrung gebracht werden. Die Darstellung selbst folgt in weiten Teilen den von Otto Hermes veröffentlichten Berichten und kostete 30 Pfennige.

42 Berliner Klinische Wochenschrift, Nr. 48, 26. November 1877.

43 Brehm, Alfred Edmund: Brehms Thierleben. Allgemeine Kunde des Thierreichs. Große Ausgabe in 10 Bänden. Zweite umgearbeitete & vermehrte Auflage, Bd. 1, Leipzig 1876, S. 56 f.

Bibliographie

Archivquellen

Leibniz-Institut für Länderkunde, Archiv für Geographie,
Nachlass Eduard Pechuël-Loesche, 227/32

Archiv der Leopoldina – Nationale Akademie der Wissenschaften,
MM 3019 Biographischer Fragebogen Otto Hermes

Bayerische Staatsbibliothek, Nachlässe und Autographen,
Die Tagebücher von Eduard Pechuël-Loesche von seiner Reise an die Loangoküste (24.2.1875–18.6.1876)

Kleines Schloss Blankenburg (Harz),
Zeichnungen und Fotografien aus dem Nachlass von Robert Hartmann

Museum für Naturkunde Berlin,
Nr. 85777, gorilla, skull, skeleton

Staatsbibliothek zu Berlin, Nachlässe und Autographen,
Slg. Darmst. Afrika 1873: Falkenstein, Julius

Periodika

The Annals and Magazine of Natural History, London 1861–1862

Archives du Muséum d'Histoire Naturelle, Paris 1858–1861

Archiv für Naturgeschichte, Berlin 1852–1861

Aus der Heimat, Leipzig 1865

Berliner Adressbuch, Berlin 1873–1879

Berliner Fremdenblatt, Berlin 1876–1877

Berliner-Gerichtszeitung, Berlin 1876–1877

Berliner Klinische Wochenschrift, Berlin 1877

Berliner Tageblatt, Berlin 1876–1877

Boston Journal of Natural History, Boston 1847

Bulletin du Museum nationale d' histoire, Paris 1920

Bulletin de la Société Linnéenne de Normandie, Caen 1862

Correspondenzblatt der Afrikanischen Gesellschaft, Berlin 1873–1876

Daily News, London 1877

Deutsche Bauzeitung, Berlin 1869

Deutsche Roman-Zeitung, Berlin 1876

Dresdner Nachrichten, Dresden 1875

L'Explorateur. Journal Géographique et Commercial, Paris 1875–1876

Die Gartenlaube, Leipzig 1865–1881

Gorilla-Journal, Mühlheim/Ruhr 1999–2011

The Graphic, London 1876

Hamburgischer Correspondent, Hamburg 1876

Hardwicke's Science Gossip, London 1876–1877

The Illustrated London News, London 1877

Illustrirte Zeitung, Leipzig 1853–1880

Isis. Zeitschrift für alle naturwissenschaftlichen Liebhabereien, Berlin 1876–1877

Jahrbuch des Nassauischen Vereins für Naturkunde, Wiesbaden 1878–1879

Journal Amusant, Paris 1859

Journal für Gasbeleuchtung und verwandte Beleuchtungsarten sowie für Wasserversorgung, München 1873

Journal des Voyages et des Aventures de Terre et de Mer, Paris 1877–1878

Leipziger Nachrichten, Leipzig 1877

Leipziger Tageblatt und Anzeiger, Leipzig 1876

Leopoldina. Amtliches Organ der Kaiserlich Leopoldinisch-Carolinischen Deutschen Akademie der Naturforscher, Dresden 1875
Liverpool Mercury, Liverpool 1876–1877
Mitteilungen der Gesellschaft für Erdkunde zu Leipzig, Leipzig 1877
Mittheilungen aus Justus Perthes' Geographischer Anstalt über wichtige neue Forschungen aus dem Gesammtgebiete der Geographie von Dr. A. Petermann, Gotha 1875–1877
Die Natur. Neue Folge, Halle 1876–1877
Nature, London 1875–1877
Naturwissenschaftliche Wochenschrift, Berlin 1887–1895
The New York Times, New York 1875–1877
19th Century British Library Newspapers, London 1876–1877
The popular science monthly, New York 1877–1878
Proceedings of the Academy of Natural Science of Philadelphia, Philadelphia 1878
Proceedings of the Zoological Society of London, London 1848–1850, 1852–1853, 1860, 1862–1863, 1875–1878
Punch, London 1861, 1877
Revue d'Anthropologie, Paris 1878
Sitzungs-Berichte der Gesellschaft Naturforschender Freunde zu Berlin, Berlin 1876–1877
Sitzungsberichte der Königlich Preuss. Akademie der Wissenschaften zu Berlin, Berlin 1882
The Times (The London Times), London 1876, 1877
Transactions of the Zoological Society of London, London 1849, 1866
Die Tribüne, Berlin 1876
Ueber Land und Meer. Allgemeine Illustrirte Zeitung, Stuttgart 1876
Velhagen & Klasings Monatshefte, Leipzig 1921/22
Verhandlungen der Berliner Gesellschaft für Anthropologie, Ethnologie und Urgeschichte, Berlin1872–1876
Verhandlungen der Gesellschaft für Erdkunde zu Berlin, Berlin 1874–1877
Vossische Zeitung (Königlich privilegierte Berlinische Zeitung von Staats- und gelehrten Sachen), Berlin 1876–1877
Westermann's Jahrbuch der Illustrierten Deutschen Monatshefte, Braunschweig 1870, 1876, 1877
Zeitschrift für Bauwesen, Berlin 1869
Zeitschrift für Ethnologie, Berlin 1872–1877, 1899
Zeitschrift der Gesellschaft für Erdkunde zu Berlin, Berlin 1870, 1873,1875, 1878
Der Zoologische Garten. Zeitschrift für Beobachtung, Pflege und Zucht der Thiere, Frankfurt am Main 1865–1892

Gedruckte Quellen und Literatur

Adolf Bastian and His Universal Archive of Humanity. The Origins of German Anthropology, Edited by Manuela Fischer, Peter Bolz und Susan Kamel, Hildesheim/Zürich/New York 2007
Album der Deutschen Gesellschaft zur Erforschung Aequatorial-Afrikas, Landschaftlicher Theil, I. bis III. Lieferung, Berlin 1876
Artinger, Kai: Von der Tierbude zum Turm der Blauen Pferde. Die künstlerische Wahrnehmung der wilden Tiere im Zeitalter der zoologischen Gärten, Berlin 1995
Bastian, Adolf: Die deutsche Expedition an der Loango-Küste, nebst älteren Nachrichten über die zu erforschenden Länder. Nach persönlichen Erlebnissen, Erster und Zweiter Band, Jena 1874–1875 (Reprint 2007)

Becker, Kurt: Abriß einer Geschichte der Gesellschaft Naturforschender Freunde zu Berlin. In: Sitzungsberichte der Gesellschaft Naturforschender Freunde zu Berlin (N.F.), Band 13, Heft 1, Berlin 1973

Berlin und seine Bauten, hrsg. vom Architekten-Verein zu Berlin, Zwei Theile, Berlin 1877

Berlins Aufstieg zur Weltstadt. Ein Gedenkbuch hrsg. vom Verein Berliner Kaufleute und Industrieller aus Anlass seines 50jährigen Bestehens, Berlin 1929

Beta, H. (Heinrich): Die Bewirthschaftung des Wassers und die Ernten daraus. Mit einem Vorworte von Dr. Brehm, dem Verfasser des »Illustrirten Thierlebens«, des »Lebens der Vögel« u.s.w. und wissenschaftlichem Direktor des Berliner Aquariums, Leipzig/Heidelberg 1868

Biella, Edgar: Grottenstil als Ausstellungsarchitektur des 19. Jahrhunderts. Eine Untersuchung unter besonderer Berücksichtigung des Berliner Aquariums Unter den Linden/ Schadowstraße, Diplomarbeit, Berlin 1999

Ders.: Das Berliner Aquarium Unter den Linden/Schadowstraße. Zur Konzeption des Rundganges und Bedeutung des Grottenstils als Ausstellungsarchitektur. In: Der Bär von Berlin, Jahrbuch für die Geschichte Berlins, 49. Folge, hrsg. von Sibylle Einholz und Jürgen Wetzel, Berlin 2000

Biographisches Lexikon der hervorragenden Ärzte der letzten fünfzig Jahre, hrsg. und bearbeitet von Dr. I. Fischer, Erster Band, Berlin 1932

Biographisches Lexikon hervorragender Ärzte des neunzehnten Jahrhunderts. Mit einer historischen Einleitung. Hrsg. von Prof. Dr. J. Pagel, Berlin/Wien 1901

Bolau, Heinrich: Die menschenähnlichen Affen des Hamburger Museums, Hamburg 1876

Brandes, Georg: Berlin als deutsche Reichshauptstadt. Erinnerungen aus den Jahren 1877-1883, aus dem Dänischen von Peter Urban-Halle, hrsg. von Erik M. Christensen und Hans-Dietrich Loock, Berlin 1989

Brehm, Alfred Edmund: Brehm's Thierleben, Bd. 1, Die Säugetiere, (große Ausgabe letzter Hand von 1876–1879), Berlin/Wien 1980

Ders.: Brehms Tierleben, Allgemeine Kunde des Tierreichs, gänzlich neubearbeitet von Dr. Pechuël-Loesche, Bd. 1, Leipzig 1900

Brunner, Bernd: Wie das Meer nach Hause kam. Die Erfindung des Aquariums, Berlin 2003

Buchner-Fuhs, Jutta: Das Tier als Freund. Überlegungen zur Gefühlsgeschichte im 19. Jahrhundert. In: P. Münch (Hrsg.): Tiere und Menschen. Geschichte und Aktualität eines prekären Verhältnisses, Paderborn 1998

Buckland, Frank: Notes and Jottings from Animal Live, London 1882

Burton, Richard F.: Two Trips to Gorilla Land and the Cataracts of the Congo, Tow Volumes, London 1876

Charles Darwin und seine Wirkung, hrsg. von Eve-Marie Engels, Frankfurt am Main 2009

Ciz, Karl Heinz: Robert Hartmann (1831–1893). Mitbegründer der deutschen Ethnologie, Gelsenkirchen 1984

Constant, N'Dala: Kenosis bei Hans Ur von Balthasar als Instrument für den interreligiösen Dialog, Diss. A, Wien 2009

Darwin und Darwinismus. Eine Ausstellung zur Kultur- und Naturgeschichte. Hrsg. von Bodo-Michael Baumuk und Jürgen Rieß, Berlin 1994

Daum, Andreas W.: Wissenschaftspopularisierung im 19. Jahrhundert. Bürgerliche Kultur, naturwissenschaftliche Bildung und die deutsche Öffentlichkeit 1848–1914, 2., ergänzte Auflage, München 2002

Dembeck, Hermann: Gelehrige Tiere, Düsseldorf 1966

Deutsche Apotheker-Biographie, hrsg. von Wolfgang-Hagen Hein und Holm-Dietmar Schwarz, Band I, Stuttgart 1975
Dittrich, Lothar/Rieke-Müller, Annelore: Carl Hagenbeck (1844–1913). Tierhandel und Schaustellungen im Deutschen Kaiserreich, Frankfurt am Main 1998
Dixson, Alan F.: The natural history of the gorilla, London 1981
Dokumentation »Berliner Fotografenateliers des 19. Jahrhunderts« FHTW – Berlin, SG Museumskunde, Berlin o. J.
Du Chaillu, Paul: Reisen in Zentralafrika, Berlin 1862. 150 [Einhundertfünfzig] Jahre C. Woermann. Wagnis Westafrika. Die Geschichte eines Hamburger Handelshauses 1837–1987, Hamburg 1987
Erman, Adolf: Mein Werden und mein Wirken. Erinnerungen eines alten Berliner Gelehrten, o. O. 2007
Essner, Cornelia: Deutsche Afrikareisende im neunzehnten Jahrhundert. Zur Sozialgeschichte des Reisens, Stuttgart 1985
Falkenstein, Julius: De typho abdominali. Dissertatio inauguralis medico-chirugica, Berlin 1867
Ders.: Die Loango-Küste in 72 Original-Photographien (35 Blatt) nebst erläuterndem Text von Dr. Falkenstein, Berlin 1876
Ders.: Die Loango-Expedition, Zweite Abtheilung. In: Paul Güssfeldt, Julius Falkenstein, Eduard Pechuël-Loesche. Die Loango-Expedition. Ausgesandt von der Deutschen Gesellschaft zur Erforschung Aequatorial-Africas 1873–1876. Ein Reisewerk in drei Abtheilungen, Leipzig 1879–1882
Ders.: Afrikas Westküste. Vom Ogowe bis zum Damara-Land, Leipzig/Prag 1885
Festschrift zum Hundertjährigen Bestehen der Berliner Gesellschaft für Anthropologie, Ethnologie und Urgeschichte 1869–1969, Erster Teil, Fachhistorische Beiträge, Berlin 1969
Fiedermutz-Laun, Annemarie: Adolf Bastian (1826–1905). In: Klassiker der Kulturanthropologie. Von Montaigne bis Margaret Mead. Hrsg. von Wolfgang Marschall, München 1990
Fritzsche, Peter: Als Berlin zur Weltstadt wurde, Berlin 2008
Gautier, Jean-Pierre: À la recherche des Gorillas. In: Cœur d'Afrique. Gorilles, cannibales et Pygmées dans le Gabon de Paul Du Chaillu, Sous la direction de Jean-Marie Hombert et Louis Perrois, Paris 2007
Glatzer, Ruth: Berlin wird Kaiserstadt. Panorama einer Metropole 1871–1890. Einleitung von Lothar Gall, Berlin 1993
Gondermann, Thomas: Evolution und Rasse. Theoretischer und institutioneller Wandel in der viktorianischen Anthropologie, Bielefeld 2007
Goschler, Constantin (Hrsg.): Wissenschaft und Öffentlichkeit in Berlin, 1870–1930, Stuttgart 2000
Goschler, Constantin: Rudolf Virchow. Mediziner – Anthropologe – Politiker, Köln/ Weimar/ Wien 2009
Griem, Julika: Monkey Business: Affen als Figuren anthropologischer und ästhetischer Reflexion 1800–2000, Berlin 2010
Güßfeldt, Paul: Die Loango-Expedition, Erste Abtheilung. In: Paul Güßfeldt, Julius Falkenstein, Eduard Pechuël-Loesche. Die Loango-Expedition. Ausgesandt von der Deutschen Gesellschaft zur Erforschung Aequatorial-Africas 1873–1876. Ein Reisewerk in drei Abtheilungen, Leipzig 1879–1882
Ders.: Mein Kriegserlebnisse im deutsch-französischen Feldzug, Berlin 1907
Haemmerlein, Hans-Dietrich: Der Sohn des Vogelpastors. Szenen, Bilder, Dokumente aus dem Leben von Alfred Edmund Brehm, Berlin 1985

Haikal, Mustafa: Die Löwenfabrik. Lebensläufe und Legenden. Mit einem Nachwort von Jörg Junhold, Leipzig 2006

Haikal, Mustafa/Gensch, Winfried: Der Gesang des Orang-Utans, Die Geschichte des Dresdner Zoos, Dresden 2011

Haikal, Mustafa/Junhold, Jörg: Auf der Spur des Löwen. 125 Jahre Zoo Leipzig, Leipzig 2003

Dies.: »Ein selbstgemachter Mann bester Art« – der Zoogründer Ernst Pinkert: In: Illustrierter Führer durch den zoologischen Garten zu Leipzig (Reprint der Ausgabe von 1883), Leipzig 2009

Handbuch der Architektur. Vierter Teil, 6. Halbband: Gebäude für Erziehung, Wissenschaft und Kunst, Stuttgart 1906

Hartmann, Robert: Beiträge zur zoologischen und zootomischen Kentniss der sogenannten anthropomorphen Affen. In: Archiv für Anatomie, Physiologie und wissenschaftliche Medizin, Jg. 1872, Leipzig 1872

Ders.: Die menschenähnlichen Affen. Sammlung gemeinverständlicher wissenschaftlicher Vorträge hrsg. von Rud. Virchow und Fr. von Holtzendorff, XI. Serie, Heft 241–264, Berlin 1876

Ders.: Der Gorilla. Zoologisch-zootomische Untersuchungen, Leipzig 1880

Ders.: Die menschenähnlichen Affen und ihre Organisation im Vergleich zur menschlichen, Leipzig 1883 (auch in englischer und französischer Übersetzung)

Hauffe, Friedericke/Klös, Heinz Georg: Der Tierillustrator Gustav Mützel, Bongo, Berlin 26 (1995)

Heck, Ludwig: Menschenaffen. In: Velhagen & Klasings Monatshefte, Februar, 36 (1921/22)

Heintze, Beatrix: Ethnographische Aneignungen. Deutsche Forschungsreisende in Angola. Kurzbiographien mit Selbstzeugnissen und Textbeispielen, Frankfurt am Main 1999

Dies.: Feldforschungsstress im 19. Jahrhundert. Die deutsche Loango-Expedition 1873–1876. In: Die offenen Grenzen der Ethnologie. Schlaglichter auf ein sich wandelndes Fach. Klaus E. Müller zum 65. Geburtstag, hrsg. von Sylvia M. Schomburg-Scherff und Beatrix Heintze, Frankfurt am Main 2000

Hochadel, Oliver: Unter Menschen. Die Schimpansin Mafuka im Dresdner Zoologischen Garten (1873–75). In: Krüger, Gesine/Mayer, Ruth/Sommer, Marianne (Hrsg.): »Ich Tarzan«. Affenmenschen und Menschenaffen zwischen Science und Fiction, Bielefeld 2008

Hübner, Rolf: Gustav Nachtigal. Der größte Afrikaforscher 1875 in Bad Ems zum Vortrag beim Kaiser, Bad Emser Hefte, Nr. 165, Bad Ems 1997

Huxley Thomas Henry: Evidence as to Man's Place in Nature, London 1863

Ingensiep, Hans-Werner: Mensch und Menschenaffe. In: P. Münch (Hrsg.): Tiere und Menschen. Geschichte und Aktualität eines prekären Verhältnisses, Paderborn 1998

Ders.: Kultur- und Zoogeschichte des Gorillas. Beobachtungen zur Humanisierung von Menschenaffen. In: Die Kulturgeschichte des Zoos. Hrsg. von Lothar Dittrich/Dietrich v. Engelhardt/Annelore Rieke-Müller, Berlin 2001

Ders.: Der Orang-Outang des Herrn Vosmaer. Ein aufgeklärter Menschenaffe. In: Ullrich, Jessica/Weltzien, Friedrich/Fuhlbrügge, Heike (Hrsg.): Ich, das Tier. Tiere als Persönlichkeiten in der Kulturgeschichte, Berlin 2009

Ingensiep, Hans-Werner/Baranzke, Heike: Grundwissen Philosophie. Das Tier, Stuttgart 2008

Joseph Wolf (1820–1899). Tiermaler – Animal Painter, hrsg. von Karl Schulze-Hagen und Armin Geus, Marburg an der Lahn 2000

Junker, Thomas/Richmond, Marshal: Charles Darwins Briefwechsel mit deutschen Naturforschern. Ein Kalendarium mit Inhaltsangaben, biographischem Register und Bibliographie, Marburg an der Lahn 1996

Kaselow, Gerhild: Die Schaulust am exotischen Tier. Studien zur Darstellung des zoologischen Gartens in der Malerei des 19. und 20. Jahrhunderts, Hildesheim/Zürich/New York 1999

Kim, Young-Ok: Bogislaus Reichert (1811–1883), sein Leben und seine Forschungen zur Anatomie und Entwicklungsgeschichte, Diss. A, Mainz 2000

Klös, Heinz-Georg: Berliner Aquariengeschichte. In: Vom Seepferdchen bis zum Krokodil, hrsg. von Heinz-Georg Klös und Jürgen Lange, Berliner Forum 4/85

Ders.: Von der Menagerie zum Tierparadies. 125 Jahre Zoo Berlin, Berlin 1969

Klös, Heinz-Georg/Frädrich, Hans/Klös, Ursula: Die Arche Noah an der Spree. 150 Jahre Zoologischer Garten Berlin. Eine tiergärtnerische Kulturgeschichte von 1844 bis 1994, Berlin 1994

Knauer, Friedrich: Menschenaffen ihr Frei- und Gefangenleben, Leipzig um 1915

Koch, Walter: Bericht über das Ergebnis der Obduktion des Gorilla Bobby des Zoologischen Gartens zu Berlin. Ein Beitrag zur vergleichenden Konstitutionspathologie, Jena 1937

Kohlmaier, Georg/Sartory, Barna von: Das Glashaus. Ein Bautypus des 19. Jahrhunderts, München 1981

Kollmann, Arthur: Der Tastapparat der Hand der menschlichen Rassen und der Affen. Seiner Entwicklung und Gliederung, Hamburg/Leipzig 1883

Koner, W. (Wilhelm David): Zur Erinnerung an das fünfzigjährige Bestehen der Gesellschaft für Erdkunde zu Berlin. In: Zeitschrift der Gesellschaft für Erdkunde zu Berlin, Berlin 1878

Krone, Dagmar: Geographische Forschung und Kolonialpolitik. Das Beispiel der Afrikanischen Gesellschaft in Deutschland (1878–1886), Diss. A, Magdeburg 1884

Krüger, Gesine/Mayer, Ruth/Sommer, Marianne (Hrsg.): »Ich Tarzan«. Affenmenschen und Menschenaffen zwischen Science und Fiction, Bielefeld 2008

Krüger-Kopiske, Karsten Kunibert: Die Schiffe der Deutschen Afrika-Linien. Zeichnungen und Lebensläufe, Hamburg 2009

Lange, Britta: Die Allianz von Naturwissenschaft, Kunst und Kommerz in Inszenierungen des Gorillas nach 1900. In: Sichtbarkeit und Medium. Austausch, Verknüpfung und Differenz naturwissenschaftlicher und ästhetischer Bildstrategien, hrsg. von Anja Zimmermann, Hamburg 2005

Lechtreck, Hans-Jürgen: Evolution vor der Kamera. Roger Fenton und Richard Owen im British Museum 1856–1858. In: Beiträge zur Geschichte und Ästhetik der Fotografie, Heft 109, Jg. 28, Marburg 2008. Die Linden. Vom kurfürstlichen Reitweg zur hauptstädtischen Allee. Ausstellung der Staatsbibliothek zu Berlin – Preußischer Kulturbesitz zum 350jährigen Jubiläum der Straße Unter den Linden, Berlin 1997

Linnenberg, Friedrich: Eduard Pechuel-Loesche als Naturbeobachter. In: Mitteilungen der Fränkischen Geographischen Gesellschaft, Band 10, Erlangen 1963

Löschenburg, Winfried: Unter den Linden. Geschichten einer berühmten Straße, Berlin 1891

Maire, Ernst: Der Gorilla, Berlin 1877

Meder, Angela: Gorillas. Ökologie und Verhalten, Berlin/Heidelberg/New York 1993

Mensch und Tier. Eine paradoxe Beziehung, Ostfildern-Ruit 2002

Meyer-Waarden, P. F.: Aus der deutschen Fischerei. Geschichte einer Fischereiorganisation, Berlin 1970

Morgenstern, Frank: Genealogie der Familie Julius Falkenstein, unveröffentlichtes Manuskript, Leipzig 2010

Morris, Ramona und Desmond: Der Mensch schuf sich den Affen, München/Basel/Wien 1968

Mueller, Volker/Lenz E., Arnher und Ortrun (Hrsg.): Der beständige Wandel. Darwin und das Entwicklungsdenken, Neu-Isenburg 2009

Nott, John Fortuné: Wild animals photographed and described, London 1886

Oppermann, Joachim: Tod und Wiedergeburt. Über das Schicksal einiger Berliner Zootiere. In: Bongo, Berlin 24 (1994)

Partridge, Karen: In Search of Jenny. Feature, BBC Radio 4, 29. September 2009

Pechuël-Loesche, Eduard: Die Tagebücher von Eduard Pechuël-Loesche von seiner Reise an die Loangoküste (24.2.1875–5.5.1876). Transkription von Donata v. Lindeiner in Zusammenarbeit mit Beatrix Heintze. Mit Unterstützung der Deutschen Forschungsgemeinschaft 1997/1998 (auch im Internet unter: urn:nbn:de:hebis:30:3-229806)

Ders.: Volkskunde von Loango, Stuttgart 1907

Precht, Richard David: Der schwarze Affe Angst. In: Geo, 6/2008

Ders.: Noahs Erbe: Vom Recht der Tiere und den Grenzen des Menschen, Hamburg 1997

Rieck, Werner: Johann von Fischer (1850–1901). In: Mertensiella. Supplement zu SALAMANDRIA. Die Geschichte der Herpetologie und Terrarienkunde im deutschsprachigen Raum. Hrsg. von Werner Rieck, Gerhard Hallmann und Wolfgang Bischoff, Rheinbach 2001

Rieke-Müller, Annelore/Dittrich, Lothar: Der Löwe brüllt nebenan. Die Gründung Zoologischer Gärten im deutschsprachigen Raum 1833–1869, Köln/Weimar/Wien 1998

Robert Hartmann. Informationen und Berichte. Braunschweigisches Landesmuseum, 1/1997

Rohlfs, Gerhard: Kufra. Reise von Tripolis nach der Oase Kufra. Ausgeführt im Auftrage der Afrikanischen Gesellschaft in Deutschland, Leipzig 1881

Savage, Thomas S./Wymann, Jeffries: Notice of the external characters and habits of Troglodytes Gorilla, a new species of Orang from the Gaboon river; Osteology of the same. In: Boston Journal of Natural History, Vol. V, No. IV, Boston 1847

Schlawe, Lothar: Illustrationen nach dem Leben (ndL) aus dem Zoologischen Garten zu Berlin, Bongo, Berlin 23 (1994)

Schleich, Carl Ludwig: Besonnte Vergangenheit. Lebenserinnerungen 1859–1919, Berlin 1977

Schmidt, Johannes E. S.: Die Französische Domschule und das französische Gymnasium zu Berlin. Schülererinnerungen 1848–1861, hrsg. und kommentiert von Rüdiger R. E. Fock, Hamburg 2008

Schmidt, Maximilian: Handbuch der vergleichenden Pathologie und pathologischen Anatomie der Säugethiere und Vögel, Ersten Bandes erste Abtheilung: Die Krankheiten der Affen, Berlin 1870

Schneider, Jürg: Bruder oder Bestie? Die »Entdeckung« des Gorillas im 19. Jahrhundert. In: Jürg Schneider/Ute Röschenthaler/Bernhard Gardi (Hrsg.): Fotofieber. Bilder aus West- und Zentralafrika. Die Reisen von Carl Passavant 1883–1885, Basel 2005

Schulze, Andreas: »Belehrung und Unterhaltung«. Brehms Tierleben im Spannungsfeld von Empirie und Fiktion, München 2009

Siebenborn, Claus: Unter den Linden. Galanter Bilderbogen um Berlins berühmte Straße 1647–1947, Berlin 1949

Soyaux, Herman: Aus West-Afrika, 1873–1876, Erlebnisse und Beobachtungen, Zwei Theile, Leipzig 1879

Specht, Karl August: Theologie und Wissenschaft oder Alte und neue Weltanschauung, 3. völlig umgearb., verm. und verb. Auflage, Gotha 1878.
The strange adventures of Andrew Battell of Leigh, in Angola and the adjoining regions, reprinted von »Purchas his Pilgrimes«, London 1901
Strehlow, Harro: Beiträge zur Menschenaffenhaltung im Berliner Aquarium unter den Linden. I. Der Gorilla (Gorilla g. gorilla) »M'PUNGO«. In: Bongo, Berlin 9 (1885)
Ders.: Beiträge zur Menschenaffenhaltung im Berliner Aquarium unter den Linden. II. Weitere Gorillas (Gorilla g. gorilla). In: Bongo, Berlin 12 (1987)
Ders.: Beiträge zur Menschenaffenhaltung im Berliner Aquarium unter den Linden. III. Orang Utans (Pongo pygmaeus) und Schimpansen (Pan troglodytes). In: Bongo, Berlin 14 (1988)
Ders.: Zur Geschichte des Berliner Aquariums Unter den Linden. In: Zoologischer Garten, Neue Folge, 57 (1987) 1
Ders.: Exotik am Prachtboulevard. Das Berliner Aquarium Unter den Linden Ecke Schadowstraße, Edition Luisenstadt 1998 (www.luise-berlin.de)
Theater der Natur und Kunst. Theatrum naturae et artis, hrsg. von Horst Bredekamp, Jochen Brüning und Cornelia Weber im Auftrag des Präsidenten der Humboldt-Universität zu Berlin durch das Hermann von Helmholtz-Zentrum für Kulturtechnik, 2 Bd., Berlin 2000
Ullrich, Jessica/Weltzien, Friedrich/Fuhlbrügge, Heike (Hrsg.): Ich, das Tier. Tiere als Persönlichkeiten in der Kulturgeschichte, Berlin 2009
Unter den Linden. Photographien. Essay von Dieter Hildebrandt. Bilderläuterungen von Hans-Werner Klünner. Nachwort v. Jost Hansen, Berlin 1997
Vaucaire, Michel: Gorillajäger. Leben und Abenteuer des Gorillajägers PAUL DU CHAILLU, Wien 1933
Vierus, Dieter: Schiffe der Welt. Welt der Postschiffe, Hamburg 1995
Virchow, Rudolf: Sämtliche Werke. Hrsg. von Christian Andree, Bd. 61, Abteilung IV, Briefe, Hildesheim/Zürich/New York 2007
Ders.: Sämtliche Werke. Hrsg. von Christian Andree, Bd. 52, Abteilung III, Anthropologie, Ethnologie, Urgeschichte. Zur Kranologie Amerikas. Arbeiten aus den Jahren 1871 bis 1894, Berlin/Wien 2002
Voss, Julia: Darwins Bilder. Ansichten der Evolutionstheorie 1837–1874, Frankfurt am Main 2007
Waldeyer-Hartz, Wilhelm von: Lebenserinnerungen, Bonn 1921
Waterton, Charles: Essays on Natural History. Third Series, London 1857
Werner, Anton von: Erlebnisse und Eindrücke 1870–1890, Berlin 1913
Wirth, Ingo: Zur Sektionstätigkeit im Pathologischen Institut der Friedrich-Wilhelms-Universität zu Berlin von 1856 bis 1902. Ein Beitrag zur Virchow-Forschung, Berlin 2005
Yerkes, M. Robert and Ada W: The Great Apes. A Study of Anthropoid Life, New Haven 1953
Ziegan, Karl: Alfred-Brehm-Gedenktafel. In: Bongo, Berlin 30 (2000)
Zöller, Hugo: Die Deutschen Besitzungen an der westafrikanischen Küste, Bd. 1, Das Togoland und die Sklavenküste, Berlin/Stuttgart 1885

Bildquellen

Archiv des Autors: S. 19, 21, 63
Archives du Muséum d'Histoire Naturelle, Paris 1858–1861: S. 15, 16
Brehm, Alfred Edmund: Brehms Thierleben. Zweite umgearbeitete & vermehrte Auflage, Bd. 1, Leipzig 1876: S. 99
Deutsche Kolonialzeitung, 1884: S. 44
Die Gartenlaube, Leipzig 1858, 1866, 1876: S. 33, 72, 73
Falkenstein, Julius: Die Loango-Expedition, Zweite Abtheilung. In: Die Loango-Expedition, Leipzig 1879–1882: S. 42, 43, 47, 49, 50, 51, 52
Ders.: Afrikas Westküste. Vom Ogowe bis zum Damara-Land, Leipzig/Prag 1885: S. 36
Geographisches Institut der Universität Hamburg: S. 46
Güßfeldt, Paul: Die Loango-Expedition, Erste Abtheilung. In: Die Loango-Expedition, Leipzig 1879–1882: S. 27, 34
Reichstags-Handbuch, 12. Legislaturperiode, Berlin 1907: S. 69
Handbuch der Architektur. Vierter Teil, 6. Halbband, Stuttgart 1906: S. 65, 66
Hartmann, Robert: Der Gorilla. Zoologisch-zootomische Untersuchungen, Leipzig 1880: S. 7, 14 Mitte, 14 unten, 85
Ilustrirte Zeitung, Leipzig 1869, 1874, 1876: S. 30, 32, 41, 62, 67, 71
Kleines Schloss Blankenburg (Harz), Nachlass von Robert Hartmann: S. 80, 83
Leibniz-Institut für Länderkunde, Archiv für Geographie: Die Loango-Küste in 72 Original-Photographien (35 Blatt) nebst erläuterndem Text von Dr. Falkenstein, Berlin 1876: S. 28
Leibniz-Institut für Länderkunde, Archiv für Geographie: Nachlass Eduard Pechuël-Loesche, 227/32: S. 78, 79, 95
Mitteilungen aus dem K. Zoologischen Museum zu Dresden, Dresden 1877: S. 25, 26
Museum für Völkerkunde zu Leipzig: Album der Deutschen Gesellschaft zur Erforschung Aequatorial-Afrikas, Berlin 1876: S. 37, 38
Die Natur. Neue Folge, Halle 1876: S. 70, 77
Proceedings of the Zoological Society of London, London 1848, 1877: S. 12, 24
Punch, London 1861, 1877: S. 22 oben, 89, 97
Reichenbach, H.G.L.: Die vollständigste Naturgeschichte der Affen, Dresden/Leipzig 1863: S. 9, 20
Transactions of the Zoological Society of London, Vol. V, London 1866: S. 10
Ueber Land und Meer. Allgemeine Illustrirte Zeitung, Stuttgart 1876: S. 75
Westermann's Jahrbuch der Illustrierten Deutschen Monatshefte, Braunschweig 1873: S. 8, 35
Wikipedia, gemeinfrei: S. 11, 14 oben, 17, 18, 22 unten, 23, 29, 55, 57, 59, 60, 61, 64, 68, 93, 101, 102
Winkler, Christa: S. 35 oben
Zeitschrift für Ethnologie, Berlin 1876: S. 87